新型城镇化建设对碳排放的影响机理及效应研究

李亚丽 谢子远 ◎ 著

中国财经出版传媒集团

经济科学出版社
Economic Science Press

·北 京·

图书在版编目（CIP）数据

新型城镇化建设对碳排放的影响机理及效应研究/
李亚丽，谢子远著．--北京：经济科学出版社，2024.5
ISBN 978 - 7 - 5218 - 5267 - 7

Ⅰ.①新… Ⅱ.①李…②谢… Ⅲ.①城市化 - 建设
- 影响 - 二氧化碳 - 排气 - 研究 - 中国 Ⅳ.①X511

中国国家版本馆 CIP 数据核字（2023）第 197837 号

责任编辑：孙丽丽　撖晓宇
责任校对：郑淑艳
责任印制：范　艳

新型城镇化建设对碳排放的影响机理及效应研究
李亚丽　谢子远　著
经济科学出版社出版、发行　新华书店经销
社址：北京市海淀区阜成路甲 28 号　邮编：100142
总编部电话：010 - 88191217　发行部电话：010 - 88191522
网址：www. esp. com. cn
电子邮箱：esp@ esp. com. cn
天猫网店：经济科学出版社旗舰店
网址：http://jjkxcbs. tmall. com
北京季蜂印刷有限公司印装
710 × 1000　16 开　15.25 印张　220000 字
2024 年 5 月第 1 版　2024 年 5 月第 1 次印刷
ISBN 978 - 7 - 5218 - 5267 - 7　定价：62.00 元
（图书出现印装问题，本社负责调换。电话：010 - 88191545）
（版权所有　侵权必究　打击盗版　举报热线：010 - 88191661
QQ：2242791300　营销中心电话：010 - 88191537
电子邮箱：dbts@ esp. com. cn）

前　言

改革开放40多年来,城镇化的快速推进带动的产业集聚效应和规模经济在很大程度上促进了中国经济的快速发展。然而伴随着城镇化水平的不断提高也产生了诸多环境问题,以 CO_2 为代表的温室气体的排放成为各国学者关注的热点问题。传统的城镇化发展模式给生态环境造成极大损失,不利于经济可持续发展。2014年国务院出台《国家新型城镇化规划(2014~2020)》(以下简称《规划》),提出新型城镇化建设应重视发展质量,实现高质量发展。传统的城镇化解决了发展"快不快"的问题,新型城镇化强调高质量的城镇化,是实现碳减排、减缓全球气候变化的重要途径。但当前新型城镇化建设对碳排放的影响尚不明确,因此,厘清新型城镇化建设与碳排放的关系,为进一步制定相关政策提供理论依据。

本书立足于我国新型城镇化建设和"双碳"目标的现实背景,以首批新型城镇化试点地区构建准自然实验,将人均碳排放作为碳排放的测量工具,将新型城镇化试点政策作为核心解释变量,探究新型城镇化建设对碳排放的直接政策效应、中介效应、环境规制的调节效应和空间影响效应,并进行机理分析和假说提出,分别运用相应的实证模型进行验证和效应分析,解决新型城镇化建设对碳排放的直接影响、新型城镇化建设如何影响碳排放、新型城镇化建设如何实现碳减排、新型城镇化建设对碳排放的作用在空间因素影响下发生何种变化等问题。此外,本书结合研究结论,提出针对性的政策建议,以期为我国在新型城镇化建设中实现"双碳"目标提供理论参考。

本书的主要研究内容和研究结论归纳如下。

第一,新型城镇化建设对碳排放的直接政策效应分析,明确了新型城镇化建设对碳排放的直接影响。在新型城镇化建设对碳排放的直接影响的作用机理分析的基础上提出假说,采用双重差分法进行实证检验,并进行稳健性检验和异质性分析。结果表明:(1)新型城镇化建设显著抑制了碳排放,且这种政策效应随时间的推移呈增强趋势;新型城镇化建设对人均碳排放的敏感程度大于碳排放强度;(2)新型城镇化建设的碳减排效应随着城市人口规模和人力资本水平的增加呈边际递增效应;在东部地区碳减排效果最为显著,中部次之;对小经济规模和大经济规模的城市皆存在显著碳减排效应。

第二,新型城镇化建设对碳排放的中介效应分析,明确了新型城镇化建设如何影响碳排放。基于《规划》解读和大量文献总结,提出新型城镇化建设影响碳排放的作用路径,进行传导机制的作用机理分析和假说提出,采用修正的中介效应模型进行检验,运用有调节的中介效应模型进行异质性分析。结果表明:(1)新型城镇化建设通过加强环境规制、增加基础设施建设、抑制能源效率影响碳排放。其中新型城镇化建设通过加强环境规制抑制碳排放,是当前主要的碳减排路径;新型城镇化建设通过增加基础设施建设加剧了碳排放;新型城镇化建设抑制能源利用效率的提升,弱化了能源利用效率提升的碳减排效果;该结论具有稳健性。(2)在新型城镇化建设过程中,基础设施建设与人均碳排放呈倒"U"型关系。(3)将城市人口规模、城市经济规模、城市人力资本水平、城市区域等异质性变量分样本回归与作为调节变量回归,得到的结论趋于一致,证明第3章中直接政策效应异质性分析结论的稳健性。(4)新型城镇化建设对基础设施建设的促进效应、能源效率的抑制效应随城市人口规模、经济规模的增加呈增强趋势；新型城镇化建设对基础设施建设和环境规制的促进效应随人力资本水平的提升呈增强趋势；环境规制对人均碳排放的抑制效应随城市人口规模、经济规模、人力资本水平的提升逐渐凸显；基础设施建设对人均碳排放的促进效应随城市人口规模的增加呈减弱趋势；能源效率对人均碳排放的抑制效应随人力资本水平的提升呈增强趋势。（5）在东部地区，新型城镇化建设通过加强环境规制抑制人均碳排放，通过增加基础设施建设促进人均碳排放；在中部地区，新型城镇化建设通过加强环境规制、提高能源效率抑制人均碳排放；在西部地区，三条路径均行不通。

第三，新型城镇化建设与碳排放：环境规制的调节效应，明确新型城镇化建设实现碳减排的具体路径。结合前文结论，通过文献总结和《规划》解读，提出环境规制抑制碳排放的具体路径，并进行机理分析和假说提出；构建调节效应模型检验环境规制的调节效应，构建有中介的调节效应模型对环境规制影响碳排放的深层次作用机理进行检验，并进行异质性分析。结果表明：（1）环境规制在新型城镇化建设与碳排放之间不仅具有中介效应，还存在正向调节效应；新型城镇化建设对碳排放的减排效应随着环境规制强度的提升呈增强趋势。（2）环境规制通过调节经济集聚、产业结构高级化、技术进步和对外开放等对碳排放的抑制效应，间接调节了新型城镇化建设对碳排放的抑制效应。（3）随着环境规制强度的提升，新型城镇化建设促进经济集聚程度的提升，对产业结构高级化的影响由不显著转为显著，对技术进步的影响由抑制转为促进，对外商直接投资的引力下降。（4）在新型城镇化建设中，绿色技术进步的碳减排效果最佳，其次为产业结构高级化，最后为经济集聚和对外开放，且经济集聚、产业结构高级化、技术进步和对外开放等随环境规制强度的提升对碳排放的抑制效应呈增强趋势。（5）在大规模城市、东部地区、高经济规模、高人力资本水平下，环境规制在新型城镇化建设与人均碳排放之间具有正向调节效应，同环境规制的中介效应的异质性分析得到的结论一致。

第四，新型城镇化建设对碳排放空间影响效应研究，明确新型城镇化建设对碳排放是否具有空间溢出效应。对新型城镇化建设影响碳排放的空间影响效应的作用机理进行分析，并提出相应假说，运用空间双重差分模型进行实证检验。结果表明：（1）2010～2019年，研究区域人均碳排放呈显著的空间正相关。（2）人均碳排放存在"马太效应"，维持低水平和高水平的概率相对较高，且呈增强趋势；邻居对区域状态具有正向作用；碳排放对能源效率存在路径依赖。（3）在整体层面上，新型城镇化建设对碳排放主要表现为本地减排效应；在东部地区，新型城镇化试点政策对碳排放具有空间溢出效应，在中部地区主要表现为本地效应，在西部地区空间影响效应不显著。

基于上述结论，本书提出了在新型城镇化建设中实现"双碳"目标的对策建议，主要包括：加快推进新型城镇化进程，实行差异化的城镇化战略；采取合适环境规制，提高经济集聚水平；加大科技创新投入，推动节能技术创新；提高对外开放程度，实行差异化引资政策；有序推进基础设施建设，实行差异化的建设策略；节约能源消耗，优化能源结构。

综上所述，与已有研究成果相比较，本书的创新之处为：第一，选取了地级市作为研究单元，因为城市是人类生产生活活动的基本单元，而基于城市层面，研究新型城镇化与碳排放关系的文献较少。第二，从新型城镇化试点政策为切入点，探究新型城镇化建设对碳排放的影响。现有文献在政策对碳排放的影响方面，主要聚焦于碳交易政策、低碳城市试点政策等对碳排放的影响，忽略了新型城镇化试点政策对碳排放的影响，且新型城镇化建设对碳排放的影响方向不明确。第三，新型城镇化的研究多集中于概念界定、水平评价、影响因素研究，对碳排放的研究侧重于水平测算、影响因素分析等。在城镇化与碳排放的关系研究中，多选取人口城镇化指标或多维度评价指标衡量城镇化水平，对城镇化与碳排放的关系进行线性研究。本书以新型城镇化试点政策为研究对象，探索新型城镇化建设对碳排放的直接政策影响、深层次作用机理。第四，在研究方法上，对调节效应模型和中介效应模型、有中介的调节效应模型和有调节的中介效应模型进行理论区分，考虑到模型回归的拟合不足或内生性问题，对中介效应模型、有中介的调节效应模型进行修正。

CONTENTS ▷

目　录

第1章

导　论

1.1　研究背景

1.1.1　城镇化进程发展迅速，正由高速发展向高质量发展转变

城镇化在极大程度上推动人类社会和经济的发展，为实现小康社会的目标提供了载体，是未来社会发展的方向。统计数据表明，2019 年，我国城镇化率达到 60.6%，自改革开放以来，城镇化率增长了 42.68%，城镇化进程快速推进[①]。在城镇化推进的过程中，生产要素如劳动力、资本等要素在城镇形成空间集聚，对消费品的需求显著增长，极大程度上促进了生产规模的扩大，同时推动了产业高级化发展。但城镇化的发展需要工业支撑，消耗大量能源，也会给生态环境造成极大压力[②]。传统城镇化的发展主要依靠资源和能源的消耗，吸引大量农村人口向城镇集聚，且呈现土

---

①　国家统计局. 中国统计年鉴（2020）[M]. 北京：中国统计出版社，2020.
②　陈海波，姜娜娜，刘洁. 新型城镇化试点政策对区域生态环境的影响——基于 PSM - DID 的实证检验 [J]. 城市问题，2020（8）：33 - 41.

地城镇化过快发展的现象，造成土地资源、能源的浪费，加剧了城镇环境问题。在传统城镇化发展中，由于城镇产出投入转化率更高，大量资本和资源等政策向城镇倾斜，进一步拉大了城乡收入差距，工业过度发展，出现产能过剩现象，抑制产业结构升级；且传统城镇化的发展对创新性重视程度不够，主要依靠资源和资本投入，导致城镇可持续发展能力不足①。

2012 年，党的十八大报告首次提出推动"四化"协调发展。2014 年，《规划》明确了新型城镇化未来的发展方向、任务和目标，提出新型城镇化建设应重视高质量发展②。2015 年 2 月，国务院出台了《国家新型城镇化综合试点方案》作为落实《规划》的重要手段之一。2019 年和 2020 年，国务院又相继颁布了与新型城镇化建设相关的文件，再次明确了新型城镇化建设的本质内涵、目标和方向，强调实现高质量发展。2021 年 3 月，"十四五"规划的草案编制完成，明确了"十四五"时期经济社会的发展方向、目标和任务，并再次强调进一步完善新型城镇化战略。在现阶段的背景下，城镇化正由传统的注重外延扩张式发展向提高内涵的集约化发展转型，从单纯地关注城镇发展速度向重视城镇发展质量转变。

1.1.2 碳排放等环境问题备受关注，节能减排形势尤为迫切

IPCC 指出引起全球气候变暖的最重要因素是温室气体的排放，其中二氧化碳是最重要的人为温室气体，对气候变暖的影响位居首位。因此，众多学者开始研究人类社会发展消耗的能源所产生的碳排放，碳排放问题成为研究的热点问题。国际组织举办了多次有关温室气体减排的会议，目的是推动各国政府关注气候变化，力求实现碳减排。IPCC 于 1992 年达成

---

① 姜安印，杨志良. 新型城镇化建设与城市经济高质量增长——基于双重差分法的实证分析 [J]. 经济问题探索，2020 (3)：84 - 99.

② 孔祥利，赵娜. 五大发展理念视域下中国城镇化发展质量与潜力问题研究 [J]. 陕西师范大学学报（哲学社会科学版），2020，49 (6)：88 - 96.

的《联合国气候变化框架公约》是首个关于气候变化的国际公约,其目的是抑制温室气体排放,也为世界各国相互合作共同抑制气候变暖提供了遵循的基本框架。2009年,在哥本哈根会议上,多国代表就未来各国如何协作应对气候变化签订新的协议。2015年12月签订的《巴黎协定》,对签约国如何应对气候变化做了相应部署。2020年,由于疫情影响,以视频形式举办了气候雄心峰会,指出气候承诺与行动刻不容缓,需要全球国家共同努力应对气候变化。

在城镇化进程中,经济飞速发展,产业结构不断优化升级,但在发展过程中也消耗了大量能源,产生较多碳排放[①]。中国的二氧化碳排放量在2009年成为碳排放第一大国,并呈逐年增长趋势,至2020年,碳排放总量占全球的31.0%[②]。因此,碳排放问题得到中国政府的重点关注,碳减排是实现中国可持续发展必须采取的行动,也是中国在气候变化问题上所必须承担的责任。2009年,中国政府承诺碳排放强度指标至2020年在2005年的基础上下降40%~45%。中国政府在"十二五"规划中提出该指标在2010年基础上下降17%左右。在"十三五"规划中再次提出,该指标在2020年比2015年下降18%,并且碳排放总量应控制在一定范围内。2015年,政府提出至2030年碳排放达到峰值。2020年9月,中国政府提出了"双碳"目标,对碳减排提出了更高要求,即碳排放力争在2030年前达到峰值,2060年前实现碳中和。政府提出的碳减排目标,不仅是应对全球气候变化的责任,也是未来中国可持续发展必要的举措。但"双碳"目标的实现不仅依赖于国家宏观层面的管控,也需要各区域乃至各地级市的具体应对。为此,科学准确测算和分析各地级市碳排放的作用机制是制定碳减排措施的前提条件。

---

① 张腾飞,杨俊,盛鹏飞. 城镇化对中国碳排放的影响及作用渠道 [J]. 中国人口·资源与环境,2016,26(2):47-57.

② Bank W. World Development Indicators [J]. *World Bank Publications*,2013,8(4):37-42.

1.1.3 新型城镇化建设对碳排放的影响尚不明确

新型城镇化建设需要消耗大量能源产生较多碳排放，碳排放又制约了新型城镇化的高质量发展，且当前我国能源消费主要以化石能源为主，因此城镇化发展的过程中不可避免产生大量的碳排放，二者存在长期均衡关系[①]，但新型城镇化建设对碳排放的影响是抑制作用还是促进作用尚不明确。新型城镇化发展需要能源，在中国能源消费中，以化石能源为主，比重超过了80%，化石能源燃烧带来了大量碳排放；在人口由农村向城镇集聚过程中，必然会引起生产生活方式的改变，能源消耗增多；同时，人口集聚需要教育、医疗住房、交通等基础设施的建设，带动化工、建筑等高能耗产业的发展，产生大量碳排放[②]。但新型城镇化的进一步建设，提高了城市密度，通过共享公共基础设施、公共服务等，缩短了生产和生活距离，有利于降低交通耗能，相对降低了碳排放[③]；另随着教育水平的提升，人口素质随之提升，促进了人力资本积累，带来了高效的节能技术和碳减排的相关制度；城市发展带动了产业结构转型升级，服务业水平提升，有利于降低碳排放，且城市为公众和政策制定者提供了直接和有效的沟通平台，能够充分发挥规模效应[④]。因此，新型城镇化建设是影响碳排放的关键因素，但当前具体的作用方向尚不明确，有待进一步证实。那么各地区当前的新型城镇化建设能否助推碳减排？新型城镇化建设对碳排放的影响是否存在异质性？新型城镇化建设又是通过何种作用机制影响碳排放的？上述问题的解决，有利于推动新型城镇化建设和"双碳"目标的实现。

---

① 杨晓军，陈浩. 中国城镇化对二氧化碳排放的影响效应：基于省级面板数据的经验分析 [J]. 中国地质大学学报（社会科学版），2013，13（1）：32 – 37.
② 王世进. 新型城镇化对我国碳排放的影响机理与区域差异研究 [J]. 现代经济探讨，2017（7）：103 – 109.
③ Ouyang X., Lin B. Carbon dioxide（CO$_2$）emissions during urbanization: A comparative study between China and Japan [J]. *Journal of Cleaner Production*, 2017, 143（1）：356 – 368.
④ Lankao R., Patricia. How do Local Governments in Mexico City Manage Global Warming? [J]. *Local Environment*, 2007, 12（5）：519 – 535.

在此背景下，本书在解读《规划》和总结大量文献的基础上，厘清本书需要研究的问题：新型城镇化建设是否有利于降低碳排放？新型城镇化建设如何影响碳排放？新型城镇化建设如何实现碳减排？新型城镇化建设对碳排放的影响是否存在空间溢出效应？基于上述思路展开本书。首先，从理论上分析了新型城镇化建设影响碳排放的直接政策效应，构建双重差分模型（Difference-in-difference model，DID）实证检验了新型城镇化建设对碳排放的直接政策效应，并进行稳健性检验和内生性检验，并基于不同城市人口规模、不同区域、不同经济规模、不同人力资本水平等视角进行异质性分析。其次，对新型城镇化建设影响碳排放的传导机制进行机理分析和假说提出，利用修正的中介效应模型对新型城镇化建设影响碳排放的传导机制进行检验，构建有调节的中介效应模型对中介效应进行异质性分析。再次，对新型城镇化建设实现碳减排的作用机理进行定性分析，构建调节效应模型对环境规制的调节效应进行检验，采用修正的有中介的调节效应模型对新型城镇化实现碳减排的深层次机理进行验证，并对环境规制的调节效应进行异质性分析。最后，对新型城镇化建设影响碳排放的空间溢出效应进行研究，并进行相应的机理分析和假说提出，运用空间相关性检验碳排放的空间效应，利用空间双重差分模型（Spatial difference-in-difference model，SDID）验证新型城镇化建设对碳排放的空间影响机制。在上述分析的基础上，提出在新型城镇化建设中实现"双碳"目标的对策建议，为经济社会可持续发展和低碳城市目标实现提供理论参考。

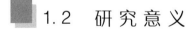 1.2　研究意义

1.2.1　理论意义

（1）丰富了新型城镇化与碳排放关系研究的实证案例。在碳排放的影

响因素研究中，常选用经济变量、人口变量和结构变量等，运用分解分析法、计量经济学方法等研究上述因素对碳排放的影响，而新型城镇化与碳排放的关系研究较为缺乏，尤其是将新型城镇化建设作为政策变量，研究其对碳排放的影响文献几乎没有。且本书在政策识别基础上，从异质性视角出发，实证研究新型城镇化建设对碳排放的作用机制。

（2）理清了新型城镇化建设影响碳排放的传导机制。本书基于《规划》的解读和总结大量文献，归纳出新型城镇化建设通过加强环境规制、增加基础设施建设和提高能源利用效率影响碳排放，并运用中介效应模型进行假说验证，结果表明当前新型城镇化建设主要通过加强环境规制抑制碳排放，增加基础设施建设促进碳排放，抑制能源利用效率提升产生的碳减排效果。

（3）理清了环境规制不仅在新型城镇化建设影响碳排放之间具有中介效应，还具有调节效应，环境规制通过调节经济集聚、产业结构高级化、技术进步和对外开放等途径抑制碳排放，间接调节了新型城镇化建设对碳排放的抑制效应。环境规制是新型城镇化建设实现碳减排的主要途径。通过大量文献总结得到，环境规制通过经济集聚、产业结构高级化、技术进步和对外开放等途径抑制碳排放，这是新型城镇化建设实现碳减排的深层次作用机制。为此，构建调节效应模型检验了环境规制的调节效应，运用修正的有中介的调节效应模型对环境规制实现碳减排的深层次作用机理进行实证检验。

1.2.2　实践意义

（1）有利于推进新型城镇化战略。《规划》中明确提出了新型城镇化建设以绿色低碳、生态文明为发展理念，构建低碳城市建设。本书将新型城镇化建设与碳排放放在同一研究框架，探究新型城镇化建设是否助推碳减排，了解新型城镇化建设的碳减排效果，有利于当地政府明确新型城镇化建设对低碳城市建设的推动作用。

（2）为各地区根据自身发展制定差异化的碳减排策略提供参考。中国幅员辽阔，各个地区城市发展差距显著，如何根据自身情况，确保城市发展与碳减排并行是实现区域社会经济可持续发展的重要途径。本书从不同城市规模、不同区域、不同经济发展水平等差异性视角，研究了新型城镇化建设对碳排放的影响，并进行了作用机制的深层次分析，有利于针对不同区域制定针对性的差异化减排政策。

■ 1.3　国内外研究现状

1.3.1　新型城镇化的研究进展

1. 新型城镇化的理论研究

"城镇化"概念最早由国外学者在1867年提出，之后对其进行了诸多研究，城镇化是不可逆转的趋势，但随着城镇化进程的加快，也产生了一系列土地利用、粮食安全、气候变化、环境污染等问题[1]，为了弥补传统城镇化战略的不足，国外提出了"可持续城市""低碳城市""智慧城市""弹性城市""智慧可持续城市"等战略，目的是实现城市协调和可持续发展，在国内则提出了"新型城镇化"战略。可持续城市被认为是未来城市发展的设计，以及以环境友好和资源节约型的方式对现有城市进行再开发，目的是促进人类福祉和经济财富，以减轻和适应气候变化的负面影响[2]。低碳城市指经济发展向资源节约型和环境友好型模式发展、居民生

---

① Kantakumar L. N. , Kumar S. Schneider K. Spatiotemporal urban expansion in Pune metropolis, India using remote sensing [J]. *Habitat International*, 2016, 51 (2): 11 – 22.

② Nevens F. , Frantzeskaki N. Gorissen L. , et al. Urban Transition Labs: Co-creating transformative action for sustainable cities [J]. *Journal of Cleaner Production*, 2013, 50 (7): 111 – 122.

活消费以低能耗为主并重视环境保护、政府通过采取各种环保措施降低碳排放[①]。智慧城市指在逐步完善通信设施的基础上，将城市的服务和管理运用信息技术进行打通和集成，提高城市的管理水平和居民生活质量[②]。智慧可持续城市概念涉及数字城市、人才城市、生态城市等概念，包括将资本、人力、交通和电信基础设施的投资实现智能化，促进经济和社会的可持续发展[③]。国外提出的这些城市化战略与中国"新型城镇化"有着异曲同工之妙。

"新型城镇化"概念在 2002 年被首次提出，目的是通过产业融合缩小城乡差距。但"新型城镇化"成为研究热点，是在党的十八大报告提出"四化"之后，学者们对"新型城镇化"的本质内涵存在不同看法。陈明星等认为，新型城镇化以人为本，其内涵应从只重视人口的快速扩张向重视人类生活质量提升转变[④]；王素斋提出，新型城镇化应遵循一定的原则，包括"城乡一体化、合理利用空间布局、完善城市服务功能等"原则，通过节约资源、保护环境等，构建可持续发展城市[⑤]；张荣天等认为新型城镇化以提高城镇化的发展质量为目标，以人为核心，通过新型工业化和技术进步等手段，实现城乡协调发展[⑥]。

尽管不同学者对新型城镇化有不同的定义，但也存在以下特征：（1）学者们倾向于从目标导向、资源整合和对比方法对新型城镇化进行定义，皆认为新型城镇化不仅是人口城镇化，而是经济社会等整体性的

---

① Sununta N., R. Kongboon, Sampattagul S. GHG evaluation and mitigation planning for low carbon city case study: Dan Sai Municipality [J]. *Journal of Cleaner Production*, 2019, 228 (10): 1345 – 1353.

② Colin, Harrison, Barbara, et al. Foundations for smarter cities [J]. *Operations Research*, 2012, 52 (1): 129 – 131.

③ Papa R., Galderisi A, Majello M V, et al. Smart and Resilient Cities. A Systemic Approach for Developing Cross – sectoral Strategies in the Face of Climate Change [J]. *Actas Urologicas Espaolas*, 2015, 8 (1): 19 – 49.

④ Xing M. C., Chao Y., Dao D. L., et al. Cognition and construction of the theoretical connotations of new urbanization with Chinese characteristics [J]. *Journal of Geographical Sciences*, 2019, 29 (10): 1681 – 1698.

⑤ 王素斋. 新型城镇化科学发展的内涵、目标与路径 [J]. 理论月刊, 2013 (4): 165 – 168.

⑥ 张荣天，焦华富. 中国新型城镇化研究综述与展望 [J]. 世界地理研究, 2016, 25 (1): 59 – 66.

协同发展；（2）新型城镇化并不是完全不同于传统城镇化，都是实现大量农村人口向城镇集聚、产业结构升级、城市空间的扩大、居民观念意识得到转化，但也存在不同之处，如新型城镇化强调以人为本，公共服务均等化、基础设施共享化等；（3）新型城镇化建设强调人是发展的核心，通过基础设施建设和公共服务建设，提高城乡便利性和均质性，不断缩小城乡收入差距，避免"中等国家收入陷阱"；（4）新型城镇化重视城镇化水平和质量的提升，以绿色健康为保障，要求不断优化空间结构布局和效率，优化产业结构。

2. 新型城镇化水平评价研究

国外学者对城镇化进行了诸多研究，并采用不同方法对不同对象进行评价。本书选择国外学者研究较多的，已成体系的可持续城市为例，对其评价研究进行综述。国外学者对可持续城市发展水平进行评价常采用的方法有以下几种：生态足迹法[①]、空间福利经济学[②]、生命周期评价法[③]、成本效益分析法[④]、驱动力—压力—状态—影响与响应分析法[⑤]、区域规划模型[⑥]、城市可持续性指数综合评价法[⑦]等。萨贾迪（Sajadi）等基于生态足迹法，研究当地城市的生态环境和生物系统是否能够满足该地区居民

[①]　Moran D. D. , Wackernagel M , Kitzes J A , et al. Measuring sustainable development Nation by nation ［J］. *Ecological Economics*, 2008, 64（3）: 470 – 474.

[②]　Grazi F. , Jeroen C. J. M. , Vanden B. , et al. Spatial welfare economics versus ecological foot-print: Modeling agglomeration, externalities and trade ［J］. *Environmental & Resource Economics*, 2007, 38（1）: 135 – 153.

[③]　Lundin M. , Morrison G. M. A life cycle assessment based procedure for development of environ-mental sustainability indicators for urban water systems ［J］. *Urban Water*, 2002, 4（2）: 145 – 152.

[④]　Turcu C. Local experiences of urban sustainability: Researching Housing Market Renewal inter-ventions in three English neighbourhoods ［J］. *Progress in Planning*, 2012, 78（3）: 101 – 150.

[⑤]　Dizdaroglu D. , Yigitcanlar T. A parcel-scale assessment tool to measure sustainability through ur-ban ecosystem components: The MUSIX model ［J］. *Ecological Indicators*, 2014, 41（1）: 115 – 130.

[⑥]　Alberti M. , Marzluff J. M, Shulenberger E, et al. Integrating humans into ecology: Opportuni-ties and challenges for studying urban ecosystems ［J］. *Bioscience*, 2003, 53（12）: 1169 – 1179.

[⑦]　Patel U. , Rakshit S. , Ram S. A. , et al. Urban Sustainability Index: Measuring Performance of 15 Metropolitan Cities of India ［J］. *South Asian Journal of Social Studies and Economics*, 2019（7）: 1 – 11.

的经济社会活动并是否具有可持续性，结果表明，当地可以满足当前的需求，但不满足可持续发展，且城市的增长模式向分散型和随机型靠拢[1]。库库拉维桑那（Kukulavithana）构建了适合评价城市尺度的可持续发展指标体系，并以伊朗巴姆市为例，结果显示，该指标体系的设计具有可持续性，符合可持续发展理念[2]。城市发展指数在 1996 年被联合国人类住区规划署第二次人居大会上首次提出，从教育、健康、城市产值、基础设施建设和废物处置 5 个角度构建评价指标体系，可进行全球城市的比较[3]。

国内学者对我国城镇化水平评价的研究主要集中于指标体系的构建和发展水平评价。方创琳等从经济、社会和空间三个视角构建城市发展质量的评价指标体系，运用层次分析法对发展水平进行评价，结果表明，该指标体系下城市化发展质量呈缓慢上升趋势，但总体质量不高[4]。王富喜等对城镇化的内涵进行界定，并从经济、社会、人口、生态等 5 个方面构建指标体系，采用熵值法对权重进行客观赋权，以此对城镇化水平进行评价，结果表明，山东省 17 个地级市中，青岛水平最高，德州水平最低，且差距比较显著[5]。新型城镇化概念在党的十八大报告中被明确提出以后，一些学者对新型城镇化发展水平展开了研究。如吕丹等基于新型城镇化建设的内涵，将公共服务均等化纳入评价指标，从人口、经济、生态、城乡发展、公共服务 5 个角度构建评价指标体系[6]。蓝庆新等从城镇的发展质量、

① Sajadi S. S. , Arghan A. , Korkeabadi Z. The evaluation of urban development consistent with social security strategy based on ecological footprint [J]. *Geography*, 2017, 38 (12)：4317 – 4326.

② Kukulavithana K. Evaluation of Peliyagoda integrated urban development project in Sri Lanka in terms of sustainable urban development [J]. *Environment and Urbanization*, 2015, 36 (1)：12 – 20.

③ Global Urban Observatory. Global Urban Indicators Database Version 2 Nairobi [R]. Kenya：United Nations Human Settlements Programme, 2002：74 – 74.

④ 方创琳，王德利. 中国城市化发展质量的综合测度与提升路径 [J]. 地理研究，2011, 30 (11)：1931 – 1946.

⑤ 王富喜，毛爱华，李赫龙，等. 基于熵值法的山东省城镇化质量测度及空间差异分析 [J]. 地理科学，2013, 33 (11)：1323 – 1329.

⑥ 吕丹，叶萌，杨琼. 新型城镇化质量评价指标体系综述与重构 [J]. 财经问题研究，2014 (9)：72 – 78.

建设效率、发展协调三个维度构建指标体系，并采用主客观结合的评价方法进行水平评价，结果显示，地区之间的新型城镇化水平存在较大差距，地区内部各指标发展也存在显著差异，且中国整体水平不高①。

综上所述，对新型城镇化水平的评价，学者们从不同角度构建评价指标体系，并运用多种评价方法对其发展水平进行评价。通过对上述文献的总结可以发现，对新型城镇化水平评价的研究具有以下特点：（1）新型城镇化评价指标选取有主要指标和复合指标，但复合指标更为常见，因其能够较为准确全面地反映新型城镇化的发展内涵；（2）对新型城镇化发展水平评价采取主观评价法或客观评价法，客观评价法更为常用；（3）学者们多从人口、经济、生态和城乡协调等角度构建评价指标体系，但对同一指标理解不同，可能会放在不同的测评体系下，存在指标重复使用、指标界定不清等缺点；（4）在研究尺度上，新型城镇化水平的评价，多基于宏观省级、地市级层次，但地市级层次受限于数据获取难度，选用的具体指标数量偏少且使用频次较高。

3. 新型城镇化影响因素研究

国外学者基于不同研究阶段、不同视角、不同空间尺度等对城镇化的影响因素进行研究，构建的影响因素指标也存在较大差异。通过对文献总结，发现主要有以下四个方面：第一，大量农村人口向城镇集聚推动了城镇快速发展。拉赫曼（Rahman）等认为人口密度的快速增长加快了孟加拉国的城市化进程②。杜塔（Dutta）等对印度地区的人口密度与城镇化的关系进行研究，认为农村人口向城镇大量转移促进了城镇化进程，加速了城镇基础设施的建设，并基于"Lens of Scopus"和"Web of Science"两

---

① 蓝庆新，刘昭洁，彭一然. 中国新型城镇化质量评价指标体系构建及评价方法——基于2003—2014 年 31 个省市的空间差异研究［J］. 南方经济，2017（1）：111 - 126.

② Rahman M. M., Alam K. Clean energy, population density, urbanization and environmental pollution nexus：Evidence from Bangladesh［J］. *Renewable Energy*，2021，172（3）：1063 - 1072.

个数据库对人口密度与城镇化的研究进行了综述[①]。第二，产业结构的转型升级显著推进了城镇化进程。韦赫尔（Weiher）研究了韩国南部棉花产业与城镇化的关系，发现该产业显著促进了城镇化的发展[②]。第三，经济发展显著带动了城镇化发展。穆默（Moomaw）等以90个国家数据为例，研究了城市化与经济发展的关系，发现两者呈正向关系，且相关系数大于0.70，与发达国家相比，发展中国家的经济增长对城市化的影响更高[③]。第四，城镇化的发展是多种因素共同作用的结果。马帕鲁（Maparu）等对印度地区的城市化进行研究，认为交通基础设施、经济地理位置、经济发展水平等都对城镇化产生影响[④]。伊斯兰（Islam）等对孟加拉国城镇化的影响因素进行研究，结果发现，能源消费、经济发展、投资等因素均显著促进了城镇化进程[⑤]。

城镇化的发展受到经济因素的影响，也会受到社会、政策、生态等多重因素的制约，因此影响新型城镇化建设的因素研究是分析的热点问题，不少学者对其进行探究，包括对核心解释变量的研究和多重动力驱动机制研究。王滨运用空间杜宾模型对中国30个省的外商直接投资（FDI）是否对新型城镇化产生影响进行研究，结果表明，FDI不仅对本地区的新型城镇化具有影响，同时也对邻近地区具有影响，且两者呈倒"U"型关系[⑥]。姚旭兵等对人力资本与新型城镇化之间的关系进行研究，结果显示，人力

① Dutta B. Population Density and Urbanization：Global Research Trend Analysis through the Lens of Scopus and Web of Science [J]. *SRELS Journal of Information Management*，2019，56（6）：92 - 103.

② Weiher K. The cotton industry and southern urbanization，1880 - 1930 [J]. *Explorations in Economic History*，2015，14（2）：120 - 140.

③ Moomaw R. L.，Shatter A M. Urbanization and economic development：A bias toward large cities? [J]. *Journal of Urban Economics*，1996，40（1）：13 - 37.

④ Maparu T S，Mazumder T N. Transport infrastructure，economic development and urbanization in India（1990 - 2011）：Is there any causal relationship? [J]. *Transportation Research Part A：Policy and Practice*，2017，100（4）：319 - 336.

⑤ Islam M. M.，Irfan M. Shahbaz M.，et al. Renewable and non - renewable energy consumption in Bangladesh：The relative influencing profiles of economic factors，urbanization，physical infrastructure and institutional quality [J]. *Renewable Energy*，2022，184（1）：1130 - 1149.

⑥ 王滨. FDI对新型城镇化的空间溢出效应 [J]. 城市问题，2020（1）：20 - 32.

资本水平的提升正向促进新型城镇化水平的提升，且存在空间溢出效应[①]。熊湘辉等基于省级面板数据，考虑空间因素，通过构建指标体系的方法对影响新型城镇化发展的因素进行分析，结果表明，市场动力是新型城镇化发展的关键因素[②]。

通过对上述文献梳理发现，对新型城镇化的影响因素研究具有以下特点：（1）多从外商直接投资、产业结构、科技创新等角度进行定性和定量分析其对新型城镇化的影响；（2）新型城镇化影响因素的实证分析主要基于省级层面，但也涉及发达地区和欠发达地区，并对作用机制进行对比分析；（3）影响因素的实证研究方法，主要设定为线性模型，多采用面板数据模型中的空间计量模型和固定效应模型。

1.3.2　碳排放的研究进展

1. 碳排放测算研究

国外学者对碳排放的研究中，所使用的碳排放数据多来自现有数据库，比如世界发展指标数据库、英国石油公司、美国能源情报署等。奥兹坎（Ozcan）运用面板数据模型研究了1990～2008年中东国家，碳排放与能源消费总量、经济增长的关系，结果表明，能源消费总量的提升显著促进碳排放量的增加[③]；萨博里（Saboori）等研究了1971～2009年东盟国家能源消费总量、经济增长和平方项对碳排放的影响，结果表明，所有国家能源消费总量均促进了碳排放[④]。以上碳排放数据皆来自现有数据库。国

① 姚旭兵，罗光强，吴振顺. 人力资本对新型城镇化的空间溢出效应［J］. 华南农业大学学报（社会科学版），2016，15（6）：125－140.

② 熊湘辉，徐璋勇. 中国新型城镇化水平及动力因素测度研究［J］. 数量经济技术经济研究，2018，35（2）：44－63.

③ Ozcan B. The nexus between carbon emissions, energy consumption and economic growth in Middle East countries: A panel data analysis ［J］. *Energy Policy*, 2013, 62 (11): 1138－1147.

④ Saboori B., Sulaiman J. CO₂ emissions, energy consumption and economic growth in Association of Southeast Asian Nations (ASEAN) countries: A cointegration approach ［J］. *Energy*, 2013, 55 (1): 813－822.

内学者对碳排放的核算常用四种方法：（1）能源平衡表测算碳排放。该方法是基于 IPCC，结合能源平衡表，利用碳排放因子测算碳排放。田中华等基于省级能源平衡表的表观能源消费数据，测算了广东省的能源消费碳排放，结果表明，广东省能源消费碳排放呈增长趋势①。刘佳骏等基于能源平衡表，利用分部门的一次能源消费总量，计算了中国省级尺度的碳排放，并构建空间相关模型分析其空间特征，结果显示，碳排放强度具有显著空间相关性②。（2）基于投入产出模型测算碳排放。陶玉国等以江苏省为例，基于投入产出表和旅游终端消费数据，对旅游业的碳排放进行测算，结果表明，碳排放总量在总体上呈上升趋势，且间接碳排放占比较大③。（3）生命周期法测算碳排放。王丽萍等运用投入产出和生命周期相结合的方法测算 1997～2014 年中国物流业的总能源消费碳排放，结果表明，间接碳排放占比呈上升趋势，且自 2000 年占主导地位④。（4）空间数据法测算碳排放。吴健生等利用 DMSP/OLS 夜间灯光数据，结合能源产生的消费碳排放，构建两者的线性函数关系，将其运用于地级市层面，测算了中国 1995～2009 年地级市的碳排放，结果表明，基于夜间灯光数据测算出的碳排放具有一定的可行性⑤。

投入产出模型法是指基于投入产出表数据，测算地区或产业间的间接碳排放；生命周期法从生命周期视角测算直接碳排放；生命周期法常和投入产出法结合使用测算总的碳排放；空间数据法是基于夜间灯光数据即温室气体监测设备计算的碳排放；能源平衡表法是基于能源平衡表的表观数据、一次消费数据或终端消费数据，利用 IPCC 的碳折算系数计算的碳排

---

① 田中华，杨泽亮，蔡睿贤. 广东省能源消费碳排放分析及碳排放强度影响因素研究［J］. 中国环境科学，2015，35（6）：1885－1891.
② 刘佳骏，史丹，汪川. 中国碳排放空间相关与空间溢出效应研究［J］. 自然资源学报，2015，30（8）：1289－1303.
③ 陶玉国，黄震方，吴丽敏，等. 江苏省区域旅游业碳排放测度及其因素分解［J］. 地理学报，2014，69（10）：1438－1448.
④ 王丽萍，刘明浩. 基于投入产出法的中国物流业碳排放测算及影响因素研究［J］. 资源科学，2018，40（1）：195－206.
⑤ 吴健生，牛妍，彭建，等. 基于 DMSP/OLS 夜间灯光数据的 1995－2009 年中国地级市能源消费动态［J］. 地理研究，2014，33（4）：625－634.

放。投入产出模型适用于测算部门间或区域间转移或隐藏的碳排放，空间数据法是基于 DMSP/OLS 夜间灯光影像模拟测算得到碳排放，当前在省级、地市级、县级层面皆有运用；投入产出表法和能源平衡表法主要运用于省级层面碳排放的测算。结合众多学者的研究，地级市尺度碳排放的测算适用于空间数据法，测算结果较为精确，而准确测算碳排放数据是实行碳减排策略的前提。

2. 碳排放影响因素研究

国外学者对影响碳排放的因素进行了诸多研究，大部分探讨经济、金融、能源等对碳排放的影响，也有部分学者关注能源禀赋和能源来源对碳排放的影响，并多假设两者存在线性关系采用面板数据模型模拟，或假设两者存在倒"U"型，运用环境库兹涅茨曲线（EKC）模型验证。沙哈拉孜（Shahzad）等考察了 1977～2010 年巴基斯坦碳排放、能源消费、贸易自由化和金融发展之间的协整关系，结果表明，碳排放和能源消耗呈倒"U"型关系[①]。阿尔穆拉利（Al‐Mulali）等以拉丁美洲和加勒比国家为例，研究能源消费、碳排放和经济增长三者之间的长期双向关系，结果表明，大部分国家两者存在长期正向相关关系，但其他国家的结果却优劣参半[②]。多根（Dogan）等分析了在可再生能源国家吸引力指数中排名靠前的国家，基于 EKC 模型，采用截面数据研究了能源消费、居民收入对碳排放的影响，结果表明，促进碳排放增加的因素为不可再生能源，而有效抑制碳排放的因素有贸易开放、可再生能源消费和金融发展[③]。李亚丽（Li Yali）等分析了金融与碳排放的关系，发现为了降低碳排放，金融机

① Shahzad S., Zakaria M., Rehman M. U., et al. Relationship Between FDI, Terrorism and Economic Growth in Pakistan: Pre and Post 9/11 Analysis [J]. *Social Indicators Research*, 2016, 127 (3): 179 – 194.

② Al‐Mulali U., Lee J. Y., Mohammed A. H., et al. Examining the link between energy consumption, carbon dioxide emission, and economic growth in Latin America and the Caribbean [J]. *Renewable & Sustainable Energy Reviews*, 2013, 26 (10): 42 – 48.

③ Dogan E., Seker F. The influence of real output, renewable and non-renewable energy, trade and financial development on carbon emissions in the top renewable energy countries [J]. *Renewable & Sustainable Energy Reviews*, 2016, 60 (7): 1074 – 1085.

构增加了对环境友好金融资产的持有，同时降低了与化石能源等相关资产的份额①。

国内学者对碳排放的影响因素研究中，主要包括三大类：经济因素、技术进步和结构因素，经济因素常选用人均 GDP、GDP 和人均收入水平等指标衡量；技术进步常选取专利授权量、专利申请量、能源强度、碳排放强度等指标衡量；结构因素选取产业结构和能源消费结构等指标衡量。而研究方法方面，常用的研究方法主要有：指数分解分析法，其中对数平均迪氏指数（Logarithmic Mean Division Index，LMDI）更为常用；结构分解分析法；KAYA 等式及其变形，主要有 IPAT（Impact Population Affluence Technology）模型和 STIRPAT（Stochastic Impacts by Regression on Population，Affluence，and Technology）模型；EKC 模型；计量经济学方法。其中，计算经济学方法包括静态面板模型、动态面板模型、空间计量模型、单位根和协整、因果关系分析等，适用性较广。彭水军等运用结构分解分析法研究了影响碳排放的因素，结果表明，国内最终需求的增加导致生产规模的扩大从而导致了碳排放的快速增长，而技术进步尤其是碳排放强度的下降有利于降低碳排放②。江方利等以四川省为例，运用指数分解分析法，对能源消费碳排放的影响因素进行分析，结果表明，研究期内经济增长显著促进了碳排放，产业结构对碳排放的促进作用位居第二，而能源消费强度则有利于碳排放的减少③。黄蕊等以江苏省为例，运用 KAYA 变形式，探究了人口、城镇化水平、技术进步、经济发展对碳排放的影响，结果表明，四者均显著促进了碳排放总量的上升，其中人口的促进作用最为显著，其次为能源强度，城市化水平对碳排放的影响最小④。余东华等以

① Li Y.，Pang D.，Cifuentes – Faura J. Time – Varying linkages among financial development，natural resources utility，and globalization for economic recovery in China［J］. *Resources Policy*，2023，82：103498.

② 彭水军，张文城，孙传旺. 中国生产侧和消费侧碳排放量测算及影响因素研究［J］. 经济研究，2015，50（1）：168 – 182.

③ 江方利，黄炜斌，马光文. 四川省能源消费碳排放影响因素分解研究［J］. 中国人口·资源与环境，2016，26（S1）：45 – 48.

④ 黄蕊，王铮，丁冠群，等. 基于 STIRPAT 模型的江苏省能源消费碳排放影响因素分析及趋势预测［J］. 地理研究，2016，35（4）：781 – 789.

82 个国家为例，研究了对外开放与碳排放之间的关系，运用门槛回归模型进行检验，结果表明，地区间存在显著差异，在高发展水平国家，贸易开放与碳排放间存在倒"U"型关系，其中工业比重较低的国家在拐点的右侧，工业比重较高的国家在拐点的左侧[①]。付云鹏等分析了中国碳排放强度的影响因素，其认为结构因素尤其是人口结构、能源结构和产业结构对碳排放的影响最为显著[②]。

总体而言，对碳排放影响因素研究中，在研究尺度上，主要集中在国家和省级尺度，地市级尺度的研究较为缺乏；从影响因素指标选取来看，多为技术因素、结构因素和规模因素等指标，对政策因素的研究较为缺乏；从研究方法来看，指标分解方法（SDA、IDA）主要用于国家层面、省级层面等影响因素的分解，将碳排放分解为人口、富裕度和技术进步等；IPAT 模型和 STIRPAT 模型通常用于研究人口、财富和技术进步等对环境产生的影响，并和计量经济模型结合，研究影响因素的作用程度和方向；EKC 曲线通常用于假设经济增长与碳排放之间存在非线性关系；面板数据模型因其包括的模型种类多样，适用性较广。以上方法皆有适用性，根据研究内容的不同，选取不同的研究方法。

3. 城镇化（城市化）与碳排放的关系研究

大量实证研究可以发现，城镇化（城市化）对碳排放的影响结果主要有 3 种观点：一是城镇化进程有利于降低碳排放。王鑫静等以全球118 个国家的面板数据为例，分析了城镇化水平对碳排放的影响，认为城镇化进程有利于降低碳排放[③]。二是城镇化进程会增加碳排放。周葵等基于1978～2009 年全国层面数据，运用协整分析与格兰杰因果检验，

---

① 余东华，张明志. "异质性难题"化解与碳排放 EKC 再检验——基于门限回归的国别分组研究 [J]. 中国工业经济，2016 (7)：57-73.
② 付云鹏，马树才，宋琪. 中国区域碳排放强度的空间计量分析 [J]. 统计研究，2015，32 (6)：67-73.
③ 王鑫静，程钰. 城镇化对碳排放效率的影响机制研究——基于全球 118 个国家面板数据的实证分析 [J]. 世界地理研究，2020，29 (3)：503-511.

研究了中国城市化水平与碳排放之间的关系，结果表明，城市化率与碳排放之间长期存在驱动关系，城市化率的提高将引起碳排放量的增加[①]；Omri 利用 2SLS、3SLS、GMM 模型研究了 1990~2011 年中东和北非国家城市化率与碳排放之间的关系，结果表明城市化率与碳排放之间存在正相关[②]；法尔哈尼（Farhani）等利用 ARDL 模型研究了 1971~2012 年突尼斯的城市化率与碳排放的关系，结果表明，城市化率促进了碳排放[③]。三是城镇化水平与碳排放的关系不显著。姬世东等以中国 32 个地级城市为例，运用协整检验模型，分析城镇化对碳排放的影响，认为城镇化对碳排放的关系不显著[④]；侯赛因（Hossain）基于 1971~2007 年新兴工业化国家的面板数据，利用协整检验和误差修正模型，研究了能源消费总量、经济增长、城市化率等对碳排放的影响，结果表明，能源消费总量和经济增长促进了碳排放，对外开放有利于降低碳排放，城市化率对碳排放的影响不显著[⑤]。李亚丽等从人口、土地、经济三个维度构建高质量城镇化评价指标体系，探究高质量城镇化对碳排放的影响，结果发现当前的人口高质量城镇化具有显著碳减排效果，经济高质量城镇化也具有一定碳减排作用，但现阶段土地高质量城镇化增加了碳排放[⑥]。

城镇化影响碳排放不是单一渠道，涉及多个层面，通过多种机制作用于碳排放，总体来说，城市化（城镇化）通过经济增长、居民消费转变、

① 周葵，戴小文. 中国城市化进程与碳排放量关系的实证研究 [J]. 中国人口·资源与环境，2013，23（4）：41–48.

② Omri A. CO_2 emissions, energy consumption and economic growth nexus in MENA countries: Evidence from simultaneous equations models [J]. *Energy Economics*, 2013, 40 (11): 657–664.

③ Farhani S, Ozturk I. Causal relationship between CO_2 emissions, real GDP, energy consumption, financial development, trade openness, and urbanization in Tunisia [J]. *Environmental Science & Pollution Research International*, 2015, 22 (20): 156–163.

④ 姬世东，吴昊，王铮. 贸易开放、城市化发展和二氧化碳排放——基于中国城市面板数据的边限协整检验分析 [J]. 经济问题，2013（12）：31–35.

⑤ Hossain M. S. Panel estimation for CO_2 emissions, energy consumption, economic growth, trade openness and urbanization of newly industrialized countries [J]. *Energy Policy*, 2011, 39 (11): 6991–6999.

⑥ 李亚丽，杨宗之，黄和平，等. 多维度高质量城镇化对能源消费碳排放的传导机制研究 [J]. 中国环境管理，2021，13（6）：81–89.

产业结构、人口扩张等进而影响碳排放。孙叶飞等以中国30个省份为例，分别研究了城镇化、产业结构高级化、两者综合对碳排放的影响，结果表明，城镇化显著促进了碳排放的增加；但城镇化可以通过产业结构高级化降低碳排放①。奥南（Aunan）等认为当一个国家经济发展到一定高度，第三产业占绝对主导地位时，城镇化水平的提升有利于降低碳排放②；力石（Chikaraishi）等也持相同观点，认为第三产业占比上升，城镇化的发展有利于降低碳排放③。

总结以往文献可以发现，关于城镇化（城市化）与其对碳排放的影响研究越来越受到学者们的关注，研究视角不断丰富，研究方法更加科学，但也存在以下问题：在研究内容上，城镇化对碳排放作用机理的探讨不够深入，且相关文献较为缺乏；在研究尺度上，对地市级层面两者关系的研究较为缺乏，有必要基于城市层面对碳排放进行研究；在研究方法上，城镇化对碳排放的影响是一个复杂的社会问题，涉及了人口学、社会学、经济学等，而当前城镇化对碳排放的影响研究中，多采用人口城镇化率衡量城镇化水平。

4. 环境规制对碳排放的影响研究

国内外学者侧重于探究碳交易政策对碳排放的影响。斯特里米金（Streimikiene）等探究了在波罗的海国家实施欧盟国家推行的碳排放权交易政策对碳排放的影响，结果显示，该政策对碳排放的作用程度不大④；吴（Woo）等研究了碳排放权交易政策在林业部门的应用，结果

① 孙叶飞，周敏. 中国城镇化、产业结构高级化对 CO_2 排放的影响——基于独立效应和联动效应双重视角［J］. 资源科学，2016，38（10）：1846－1860.
② Aunan K.，Wang S. Internal migration and urbanization in China：Impacts on population exposure to household air pollution（2000－2010）［J］. *Science of the Total Environment*，2014，481（5）：186－195.
③ Chikaraishi M.，Fujiwara A.，Kaneko S.，et al. The moderating effects of urbanization on carbon dioxide emissions：A latent class modeling approach［J］. *Technological Forecasting & Social Change*，2015，90（1）：302－317.
④ Streimikiene D.，Roos I. GHG emission trading implications on energy sector in Baltic States［J］. *Renewable & Sustainable Energy Reviews*，2009，13（4）：854－862.

表明，该政策可以在很大程度上降低林业部门的碳排放①。多纳霍
（Donehower）认为碳排放权交易机制通过货币政策和市场机制纠正市场
失灵，能够显著抑制碳排放的增加②。周迪等认为碳交易政策可显著降
低碳排放强度，且该政策效应呈持续增强趋势③；范丹等认为碳交易权
机制可显著降低现阶段的碳排放总量④。2010 年中国提出低碳城市试点
政策，此后诸多学者对该政策的绿色效果进行评价和分析。周迪等以第
二批低碳试点政策为例，运用 DID 模型评估了该政策对碳排放强度的影
响，结果显示，该政策可显著降低碳排放强度⑤；宋弘等以低碳城市试
点政策为切入点，探究了低碳城市建设对空气质量的影响，发现低碳城
市建设有利于降低城市空气污染⑥；王亚飞等将低碳城市试点政策作为
准自然试点，运用 DID 模型检验了该政策对城市绿色全要素生产率的影
响，发现该政策对城市绿色全要素生产率具有显著的正向促进作用⑦；
宋祺佼等分析了低碳试点城市的碳排放强度和人均碳排放现状，认为与
非试点地区相比，绝大多数试点城市的碳减排幅度相对更为显著⑧。

　　总结上述文献发现，当前国内外较多学者在环境政策对碳排放的影响
中，侧重于探究碳排放权交易机制、低碳试点城市等对碳排放的影响，且
大部分学者认为上述环境政策对碳排放具有显著抑制作用。在研究方法
上，多将碳排放权交易地区、低碳城市试点地区作为实验组，运用双重差

　　① Woo H. , Acuna M. , Choi B. , et al. Net Revenue of Forest Carbon Offset Projects：Application of the Korean Emission Trading System in the Forestry Sector [J]. *Forests*, 2021 (12)：42.
　　② Donehower J. Analyzing carbon emissions trading：A potential cost – efficient mechanism to reduce carbon emissions [J]. *Environmental law*, 2008, 38 (1)：177 – 208.
　　③ 周迪，刘奕淳. 中国碳交易试点政策对城市碳排放绩效的影响及机制 [J]. 中国环境科学，2020，40 (1)：453 – 464.
　　④ 范丹，王维国，梁佩凤. 中国碳排放交易权机制的政策效果分析——基于双重差分模型的估计 [J]. 中国环境科学，2017，37 (6)：2383 – 2392.
　　⑤ 周迪，周丰年，王雪芹. 低碳试点政策对城市碳排放绩效的影响评估及机制分析 [J]. 资源科学，2019，41 (3)：546 – 556.
　　⑥ 宋弘，孙雅洁，陈登科. 政府空气污染治理效应评估——来自中国"低碳城市"建设的经验研究 [J]. 管理世界，2019，35 (6)：95 – 108.
　　⑦ 王亚飞，陶文清. 低碳城市试点对城市绿色全要素生产率增长的影响及效应 [J]. 中国人口·资源与环境，2021，31 (6)：78 – 89.
　　⑧ 宋祺佼，王宇飞，齐晔. 中国低碳试点城市的碳排放现状 [J]. 中国人口·资源与环境，2015，25 (1)：78 – 82.

分模型进行政策的实证检验。在研究尺度上，碳交易权试点地区以省级为单位实施，涉及省级和地级市两个尺度，低碳试点城市以城市为单位展开工作，仅涉及地级市尺度。

1.3.3　新型城镇化与碳排放的研究进展

从现有文献可以看出，学者们对城镇化与碳排放的关系研究较多，而对新型城镇化与碳排放的关系研究相对较少，且对两者关系的研究主要集中在理论方面，实证研究较少，仅有小部分学者对新型城镇化建设与碳排放的耦合关系、新型城镇化对碳排放的影响机制进行了研究。杨迎春等认为传统的城镇化发展主要依靠能源的投入，产生了大量碳排放，在当前新型城镇化建设的起步阶段，应重视城镇化的发展质量，提升能源利用效率，实现"节能减排"的发展模式[①]；宋祺佼等基于低碳试点城市，探究新型城镇化与碳排放的耦合关系，结果表明，两者的耦合协调度不高，但随着城镇化的推进，诸多因素如公共服务、资源环境水平等皆会对碳排放产生显著影响[②]；谢锐等以中国 284 个地级城市为例，以新型城镇化为核心解释变量，实证探究两者的关系，得到新型城镇化建设对生态环境的影响最为重要，且对生态环境具有显著的空间溢出效应[③]。

通过总结上述文献，当前学者们对新型城镇化与碳排放的关系研究在理论和实证方面均有所探讨，但相关文献较为缺乏，有诸多可进一步探讨的空间：在研究尺度上，新型城镇化对碳排放的影响研究多基于省域尺度，地级市尺度研究较为缺乏；在研究内容上，构建新型城镇化评价指标

① 杨迎春，刘江华. 推进新型城镇化建设应加强对能源的集约利用 [J]. 经济纵横，2014（1）：60 - 63.
② 宋祺佼，吕斌. 城市低碳发展与新型城镇化耦合协调研究——以中国低碳试点城市为例 [J]. 北京理工大学学报（社会科学版），2017，19（2）：20 - 27.
③ 谢锐，陈严，韩峰，等. 新型城镇化对城市生态环境质量的影响及时空效应 [J]. 管理评论，2018，30（1）：230 - 241.

体系，假设新型城镇化对碳排放具有线性影响，深层次影响机理分析缺乏；在研究方法上，仍沿袭城镇化与碳排放的研究线路，多假设两者存在线性关系，采用面板数据模型进行实证分析。

1.3.4　研究述评

首先，通过系统梳理上述文献可以发现，众多学者分别对新型城镇化和碳排放进行了诸多研究，但对两者关系研究的文献较少；其次，对新型城镇化的研究多集中在省级层面，对碳排放的研究集中在全球、国家级和省级层面，对两者地级市层面的研究皆较为缺乏；最后，无论是城镇化（城市化）还是新型城镇化与碳排放的关系研究中，选用的因素多为经济、人口、技术等指标，缺乏政策的相关研究，多采用分解分析法、EKC、计量经济学模型等进行实证研究，假设城镇化与碳排放存在线性关系或倒"U"型关系，缺少深层次机理分析。

综上所述，学者们从不同尺度、不同角度，运用不同方法对不同研究对象的新型城镇化和碳排放进行研究，并取得了丰富的成果，为本书研究奠定了坚实的基础。但还存在以下几方面可以深入：（1）无论是新型城镇化还是碳排放的研究，多基于国家级、省级层面，而城市是人类生产生活活动的基本单元，有必要对地级市层面的城镇化、碳排放和两者关系进行研究，但当前基于地市级层面对两者进行研究的文献较为缺乏。（2）对于新型城镇化的实证研究多集中在水平测算、影响因素分析，而将新型城镇化建设作为政策变量，研究其对碳排放的影响文献较为缺乏，本书基于首批新型城镇化试点地区构建实验组，采用政策评估方法研究新型城镇化建设对碳排放的影响，使结果更加可靠。（3）对碳排放的影响因素研究中，多研究碳交易权机制、低碳试点政策、城镇化率、产业结构、技术进步等因素对其的影响，对新型城镇化建设与碳排放两者关系的研究文献较少。（4）在新型城镇化建设与碳排放两者关系的研究中，多假设两者之间存在线性关系，缺乏新型城镇化建设影响碳排放的传导机制研究，对新型城镇化建设实现碳减排的深层次机理的研究更为缺乏。

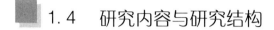

1.4　研究内容与研究结构

1.4.1　研究内容

本书在新型城镇化建设和"双碳"目标的现实背景下，探究新型城镇化建设对碳排放的直接政策影响、新型城镇化建设对碳排放的作用机制、新型城镇化建设实现碳减排的路径、新型城镇化建设对碳排放的空间溢出效应。基于上述研究思路，对《规划》进行解读和大量文献总结。首先，探究新型城镇化建设对碳排放的直接政策影响，在新型城镇化建设对碳排放直接政策影响的作用机理分析的基础上提出假说，利用 DID 和 PSM - DID 分别实证检验新型城镇化建设对碳排放的直接政策影响，并进行稳健性检验和异质性分析。其次，探究新型城镇化建设对碳排放的传导机制，总结新型城镇化建设通过加强环境规制、增加基础设施建设和提高能源效率三条路径影响碳排放，在作用机理分析的基础上提出假说，构建中介效应模型进行检验，采用有调节的中介效应模型对传导机制进行异质性分析。再次，探究新型城镇化建设如何实现碳减排，新型城镇化建设主要通过加强环境规制抑制碳排放，环境规制不仅具有中介效应还具有调节效应；总结大量文献，提出环境规制通过调节经济集聚、技术进步、产业结构高级化和对外开放等对碳排放的抑制效应，从而间接调节了新型城镇化建设对碳排放的抑制效应，对作用机理进行分析并提出假说；采用调节效应模型检验环境规制的调节效应，采用有中介的调节效应模型分析深层次机理。最后，探究新型城镇化建设对碳排放的影响是否具有空间溢出效应，为此对新型城镇化建设影响碳排放的空间影响效应进行机理分析和假说提出，运用空间双重差分模型进行实证检验。具体研究内容包括以下几个方面。

（1）新型城镇化建设对碳排放的直接政策效应分析。基于《规划》内容，在新型城镇化建设对碳排放直接政策影响的理论分析基础上，首先，以首批新型城镇化试点地区构建实验组，采用 DID 和 PSM – DID 方法，进行直接政策效应的检验；其次，采用安慰剂检验、改变时间宽窗检验、改变变量检验、剔除其他试点政策干扰检验等多种稳健性检验方法验证估计结果的稳健性，并运用剔除中心城市、工具变量法等解决内生性问题；最后，从城市人口规模、经济规模等异质性视角，分析新型城镇化试点政策对碳排放的直接政策效应是否存在差异。

（2）新型城镇化建设对碳排放的中介效应分析。本章的目的是研究新型城镇化建设如何影响碳排放，即分析新型城镇化建设影响碳排放的传导机制。首先，对《规划》解读和总结大量文献，提出新型城镇化建设通过加强环境规制、增加基础设施建设和提高能源效率影响碳排放，进行机理分析和假说提出；其次，构建修正的中介效应模型对假说进行验证；最后，基于人口规模、城市所在区域、城市人力资本水平、城市经济规模等异质性视角，采用有调节的中介效应模型分析中介效应的异质性。

（3）新型城镇化建设与碳排放：环境规制的调节效应。本章的目的是探究新型城镇化建设实现碳减排的作用机制。首先，根据新型城镇化建设对碳排放的中介效应分析，得到当前新型城镇化建设主要通过加强环境规制抑制碳排放，环境规制在新型城镇化建设影响碳排放之间存在调节效应，环境规制通过调节经济集聚、产业结构高级化、技术进步和对外开放等途径抑制碳排放，从而间接调节了新型城镇化建设对碳排放的抑制效应，进行相应的机理分析和假说提出；其次，构建调节效应模型对环境规制的调节效应进行检验，运用有中介的调节效应模型对新型城镇化建设实现碳减排的作用机制进行实证检验；最后，基于异质性视角，对调节效应进行异质性分析。

（4）新型城镇化建设对碳排放的空间影响效应分析。本章的目的是探究新型城镇化建设对碳排放的影响是否具有空间溢出效应。首先，提出新型城镇化建设对碳排放存在空间溢出效应的假说，并进行作用机理分析；其次，构建空间相关性模型对人均碳排放的全局空间相关性和局部空间相关性进行分析，并运用空间马尔可夫转移矩阵对人均碳排放的空间效应进行分析；最后，运用 SDID 模型分析空间影响效应的异质性。

1.4.2　研究结构

本书在对新型城镇化建设影响碳排放的直接政策效应、中介效应、空间影响效应和新型城镇化建设实现碳减排的作用机制进行理论分析的基础上，运用 DID 和 PSM – DID 模型检验新型城镇化建设对碳排放的直接政策效应；利用修正的中介效应模型对中介传导机制进行验证；采用调节效应模型验证环境规制的调节效应，有中介的调节效应检验新型城镇化建设的碳减排机制；运用空间自相关、空间马尔可夫链和 SDID 检验碳排放的空间效应和新型城镇化建设对碳排放的空间影响效应；最后，得到结论与建议。具体结构安排如下：

第 1 章，导论。本章首先介绍选题背景，提出需要解决的科学问题；系统梳理国内外相关研究文献，评述当前新型城镇化与碳排放相关研究进展，存在的不足和展望未来的研究方向；其次，从理论与实践两方面阐述本书的研究意义；简要介绍主要研究内容，并详细交代各章节结构安排；再次，简要介绍主要运用到的研究方法；最后，总结本文的创新之处。

第 2 章，理论基础与现状分析。本章首先对城镇化和新型城镇化、碳排放、环境规制、基础设施建设、能源效率等核心概念进行界定；其次，对所运用到的基础理论进行简单阐述，包括城市化理论、低碳经济理论、环境库兹涅茨曲线、波特假说、投资乘数理论等进行简要介绍，为本书奠定理论基础；最后，对新型城镇化建设和碳排放的现状进行分析，为本书的下一步研究提供基础参考。

第 3 章，新型城镇化建设对碳排放的直接政策效应分析。本章为探究新型城镇化建设对碳排放是否具有直接的减排效果。基于《规划》的解读，对直接政策作用机理进行分析并提出相应假说，运用 DID 和 PSM－DID 进行实证检验，采用安慰剂检验、改变时间宽窗检验、改变变量检验等多种稳健性检验方法验证估计结论的稳健性；并基于城市人口规模、城市经济规模、地理区域、城市人力资本等异质性视角分析新型城镇化建设对碳排放直接政策效应。

第 4 章，新型城镇化建设对碳排放的中介效应分析。本章探究新型城镇化建设如何影响碳排放。首先，本章基于《规划》的解读和总结大量文献，提出新型城镇化建设通过加强环境规制、增加基础设施建设和提高能源效率影响碳排放，进行相应的机理分析和假说提出；其次，构建修正的中介效应模型对传导机制进行检验，得到当前新型城镇化建设主要通过加强环境规制抑制碳排放，并对中介效应结论进行稳健性检验；最后，基于异质性视角进行中介效应的深层次作用机制分析。

第 5 章，新型城镇化建设与碳排放：环境规制的调节效应。本章探究新型城镇化建设如何降低碳排放。首先，基于前文分析，新型城镇化建设主要通过加强环境规制抑制碳排放，提出环境规制在新型城镇化建设与碳排放之间具有调节效应，通过大量文献总结发现，环境规制通过经济集聚、产业结构高级化、技术进步和对外开放等途径抑制碳排放，间接影响了新型城镇化建设对碳排放的抑制效应，进行相应的机理分析和假说提出；其次，构建调节效应模型对环境规制的调节效应进行检验，构建有中介的调节效应模型对新型城镇化建设降低碳排放的深层次作用机制进行检验；最后，对环境规制的调节效应进行异质性分析。

第 6 章，新型城镇化建设对碳排放的空间影响效应分析。本章探究新型城镇化建设对碳排放的作用受到空间因素的影响发生何种变化。首先，提出"新型城镇化建设对碳排放具有空间溢出效应"的假说，进行相应的机理分析；其次，运用空间自相关和空间马尔可夫链模型对人均碳排放的空间效应进行分析，运用 SDID 模型实证检验新型城镇化建设对碳排放的空间溢出效应；最后，对空间影响效应进行异质性分析。

第 7 章，结论、建议与展望。首先，本章基于前文的研究总结相关的研究结论；其次，结合研究结论，从不同区域视角针对性地提出在新型城镇化建设中减少碳排放的政策建议；最后，总结研究不足。

1.5　研究方法与技术路线

1.5.1　研究方法

1. 定性与定量相结合分析法

本书基于城市化理论、低碳经济理论等相关理论，对《规划》进行解读，围绕新型城镇化建设和碳排放，定性分析了新型城镇化建设对碳排放的直接影响机理、中介传导机理、深层次碳减排机理等。并利用定量分析方法，检验上述理论假说的正确性。

2. 双重差分法和空间双重差分法

双重差分法主要用于评估一项工程或政策实施产生的净影响，是计量经济学的一种，其基本操作是根据工程或政策实行与否，将研究样本分为实验组和对照组，观测某一指标在两组中的变化，得到政策实施的净影响。本书运用 DID 实证检验新型城镇化建设对碳排放的直接政策影响。空间双重差分模型（SDID）是在双重差分模型的基础上考虑空间影响，将空间因素加入模型中，构建 DID 的空间扩展模型，本书采用 SDID 检验新型城镇化建设对碳排放的空间影响效应。

3. 中介效应模型和有调节的中介效应模型

中介效应分析方法主要用来检验处理变量通过一个中介变量影响结果变量的因果机制，是基于"反事实推论"的原理，来推断处理变量、中介变量和结果变量的因果关系。有调节的中介效应模型指处理变量通过中介变量作用于结果变量的过程中，受到调节变量的调节影响。其重点在于考虑自变量对因变量的传导机制，然后考虑该传导机制是否受到调节变量的影响，即先考虑传导过程，再考虑该过程在调节变量的影响下，是否会发生变化。本书基于统计学知识，对中介效应模型和有调节的中介效应模型进行修正，并运用修正后的模型验证新型城镇化建设影响碳排放的作用机制。

4. 调节效应模型和有中介的调节效应模型

调节效应指自变量直接影响因变量的线性过程受到调节变量的作用，调节变量主要影响自变量回归系数的大小和方向。在理论上，环境规制的实施不受试点政策和碳排放的影响，但会对两者产生影响。有中介的调节效应模型是指在调节效应成立的基础上，调节变量或调节项通过中介变量对因变量产生影响。其重点首先应考虑该过程是否存在调节效应，而后考虑该调节效应是如何作用于因变量的。本书运用调节效应模型检验环境规制在新型城镇化建设与碳排放之间是否具有调节效应，采用有中介的调节效应模型实证检验新型城镇化建设降低碳排放的深层次作用机理，即新型城镇化建设通过加强环境规制抑制碳排放，环境规制通过调节经济集聚、产业结构高级化、技术进步和对外开放等途径抑制碳排放，间接调节了新型城镇化建设对碳排放的抑制效应。

5. 空间相关性检验模型

探索性空间数据分析法（ESDA）是检验空间相关性的方法，属于空间经济计量的范畴。ESDA 主要进行全局自相关和局部自相关分析，根据该指标的大小、方向和显著性，反映空间集聚或离散程度。其中，全局空间自相关描述了属性值在整个区域的空间特征，局部空间自相关用来描述局部地区的空间特征。本书采用 ESDA 方法分析人均碳排放的空间分布情况。

6. 马尔可夫链和空间马尔可夫链模型

马尔可夫链将不同时间点的某一指标进行数据离散化处理，将该指标按照某种分类规则划分为多个类型，计算每个类型的概率分布情况，观察其发生何种转移。空间马尔可夫链是考虑了邻近地区对其的影响，将空间因素纳入分析框架，考虑了空间滞后影响。本书采用空间马尔可夫链对人均碳排放的空间效应进行分析。

1.5.2 技术路线

首先，结合新型城镇化建设和"双碳目标"的现实背景，明确想要解决的问题：新型城镇化试点政策是否直接影响碳排放？新型城镇化建设如何影响碳排放？新型城镇化建设如何实现碳减排？新型城镇化建设对周围地区的碳排放是否存在影响？基于对上述问题的思考，对新型城镇化和碳排放的相关文献进行梳理，构建本书的研究内容。其次，基于《规划》解读和总结大量文献，分析新型城镇化建设影响碳排放的直接政策效应、新型城镇化建设影响碳排放的传导机制、新型城镇化建设实现碳减排的作用机制、新型城镇化建设对碳排放的空间溢出效应，进行相应的机理分析和假说提出。然后，分别运用 DID 和 PSM – DID、修正的中介效应模型、调节效应模型和修正的有中介的调节效应模型、空间相关性模型和 SDID 对上述影响效应进行实证检验和分析。最后，得到本书的结论、建议和展望。具体的技术路线见图 1 –1。

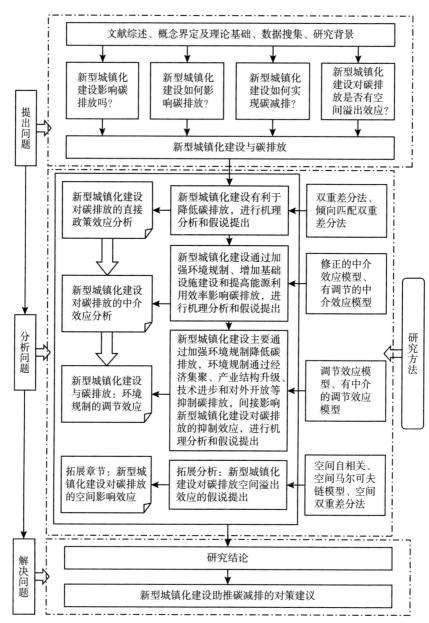

图1-1 技术路线

1.6　本书的创新点

第一，在研究尺度上基于地级市对碳排放的影响效应进行研究。以往文献对碳排放的实证研究基于全球、国家级和省级层面，由于地市级层面能源消费数据大量缺乏，因此对地市级层面碳排放的研究偏少，而城市是人类生产生活活动的基本单元，因此，有必要基于地级市层面对碳排放进行相关的实证研究。

第二，以新型城镇化试点政策为切入点，探究新型城镇化建设对碳排放的影响。现有文献在政策对碳排放的影响方面，主要聚焦于碳交易政策、低碳城市试点政策等对碳排放的影响，忽略了新型城镇化试点政策对碳排放的影响，且新型城镇化建设对碳排放的影响方向不明确。

第三，现有文献对新型城镇化建设的研究多集中于理论界定、水平评价、影响因素研究，对碳排放的研究侧重于水平测算、影响因素分析等。在城镇化与碳排放的关系研究中，多选取人口城镇化指标或多维度评价指标衡量城镇化水平，对城镇化与碳排放的关系进行线性研究。本书以新型城镇化试点政策为研究对象，探索新型城镇化建设对碳排放的直接政策影响、深层次作用机理。

第四，在研究方法上，对调节效应模型和中介效应模型、有中介的调节效应模型和有调节的中介效应模型进行理论区分，对中介效应模型、有中介的调节效应模型进行修正。在中介效应模型回归的三步中，若第一步回归正确，第二步也正确，则第三步可能存在内生性问题，若第三步回归正确，则第一步可能存在拟合不足问题，本书充分考虑中介效应模型在统计学上的缺陷，对中介效应模型进行修正，仅对第一和第二步进行回归，第三步通过作用机理分析和大量文献总结，确定中介变量对因变量的影响，构造两步系统 GMM 模型在缓解内生性问题的基础上进行验证，同时考虑试点政策的影响，将样本数据分为试点地区和非试点地区对结论进行稳健性检验，确保结论的可靠性。

第2章

基础理论与现状分析

2.1 相关概念界定

2.1.1 城镇化和新型城镇化

"城镇化"一词最早在 1867 年被勒德本索·塞尔提出，至 20 世纪，该词被广泛接受，于 70 年代后期被引入中国，并广为流传。城镇化常用常住人口城镇化率指标衡量，指农村人口向城镇转移的过程。后有学者对其进行深化，认为城镇化表象为农村人口的转移，其实质为生产要素从生产效率低的部门向生产效率高的部门流动，居民的生产生活发生改变①。

2012 年，党的十八大报告首次明确提出"新型城镇化"的概念，指以提高质量为导向，提高城镇化率，以人民为核心，实现农村人口市民化，以科技创新为动力，推动产业结构优化升级，以绿色低碳和统筹兼顾为原则，实现城乡一体发展，提高城镇发展质量。新型城镇化建设应体现

---

① 牛文学，袁漭鏊，张丹松. 当前我国新型城镇化研究现状分析 [J]. 西北人口，2016，37（6）：47 – 54.

以下核心特征："以人为本"，通过优化人口结构，提高人口素质，提升人口发展潜力和社会保障，实现人口和谐发展；"绿色低碳"，通过绿色技术进步，提高清洁能源比重，推广绿色节能建筑，提高居民绿色环保意识，推广绿色节能产品的消费；"智慧现代"，以科技进步为支撑，以互联网使用为基础，构建城乡智能化发展，开发城市服务系统，提高城市管理和服务质量，促进城乡协调发展。

2.1.2 碳排放

碳排放主要指二氧化碳排放，由于温室气体的主体成分是二氧化碳，故用碳代替温室气体，但温室气体还包括其他气体，如甲烷（CH_4）、氟利昂等。碳排放的主要来源是能源消费。当前国内外碳排放皆有数据库，国外包括美国能源信息署、国际能源署等。国内学者主要采用 IPCC 提供的碳排放测算方法，其中能源平衡表法、生命周期法和空间数据法三种测算碳排放的方法皆是以 IPCC 为基础，结合碳排放因子测算所得。国内的主要为碳核算数据库（CEADs）。本书地级市碳排放数据来源于学者测算所得，现已收录于 CEADs，可直接引用。

2.1.3 环境规制

在工业化过程中产生了大量的环境污染。如果污染造成的损失可以计入到企业的生产成本中，那么市场机制可以自主解决环境问题。事实上，由于外部不经济、公共物品性以及信息的不对称等因素的存在，环境问题单纯依靠市场机制是不能解决的，因此需要世界各国采取一定的措施对资源环境进行监管，即需要采取相应的环境规制。一般可将环境规制按照显隐性进行分类，显性环境规制是指颁布的与环境相关的法律、法规、协议等，明确对个体或组织的行为进行约束，达到环境保护的一类工具或一项行为；隐性环境规制是指个体或组织自主发起的对环境进行保护的一种意识、态度、观念或思想认知等。显性环境规制因法律、法规的内容、实施对象或目的的不同，又可分为命令控制型、市场激励型和自愿型三类。本书采用结果导向型指标衡量环境规制强度。

2.1.4 基础设施建设

1943 年，罗森斯坦（Rosenstein）将基础设施定义为"社会先行资本"，主要包括电力、交通、通信和能源等经济性基础设施①。后有学者对基础设施的定义进行拓展，认为基础设施不仅包括经济性基础设施，还应包括医疗、教育、公共卫生等社会性基础设施②。格林沃尔德（Greenwald）认为基础设施是包括交通、通信、金融、教育、卫生等一系列可以对产出或产出效率有促进作用的经济项目③。后诸多学者对基础设施的定义趋于一致，世界银行将基础设施按照性质概括为经济性和社会性两类，经济性基础设施包括交通、能源、通信等这些为经济生产提供服务的公共设施，社会性基础设施是为社会提供服务的公共设施，包括教育、医疗、公共卫生等④。本书中的基础设施采用世界银行的定义。

2.1.5 能源效率

石油危机使人们意识到能源效率的重要性。马卡洛夫（Makarov）等认为能源效率反映的是投入产出的相对之比，没有统一衡量的标准⑤。单

① Rosenstein R. P. N. Problems ofindustrialisation of Eastern and South – Eastern Europe ［J］. *The Economic Journal*, 1943, 53（2）：202 – 211.

② Nurkse R. Some international aspects of the problem of economic development ［J］. *The American Economic Review*, 1952, 42（2）：571 – 583.

③ Greenwald D. *Encyclopedia of Economics* ［M］. New York：Mc Graw – Hill Book Company, 1982：65 – 66.

④ World Bank. *World Development Report 1994：Infrastructure for Development* ［M］. Oxford：Oxford University Press, 1994：56 – 57.

⑤ Makarov V. I., Khmelinskii I. V., Patterson M. G. What is energy efficiency? – Concepts, indicators and methodological issues ［J］. *Energy Policy*, 1996, 24（5）：377 – 390.

要素能源效率采用实际 GDP 与能源消费总量的比值来衡量，大多数国家皆采用此种方式，便于进行国际比较，此种能源效率表示方式被大多数学者所运用。有学者将资本、劳动力、能源等作为投入指标，提出了全要素能源效率，指在维持资本和劳动等投入一定的前提下，达到最优生产条件时，所需要的能源最少与实际投入量的比值①。将环境因素纳入投入产出模型后，又提出了绿色全要素能源效率。但由于不同学者对全要素能源效率的测算所选取的指标不同，采用的测算方法也存在差异，尚未形成统一标准，而国家权威部门采用实际 GDP 与能源消费总量的比值衡量能源效率，为了便于比较和说明能源在碳排放中的作用，同时保持数据的原始性，本书选取实际 GDP 与能源消费总量的比值衡量能源效率。

 ## 2.2　相关理论基础

2.2.1　城市化理论

英国城镇化进程在 18 世纪工业革命时期实现快速发展，而美国在 20 世纪进入加速阶段。20 世纪 60 年代，日本、韩国等亚洲国家也开始加快城镇化进程。在此过程中，形成了一系列的城市化理论，为我国城镇化进程的发展提供了重要参考。

1. 区位理论

区位理论的形成是一个不断发展进步的过程。1826 年，德国经济学家冯·杜能首次系统提出了农业区位理论，但他认为该理论需要一定的前提

---

① Hu J. L., Wang S. C. Total – factor energy efficiency of regions in China [J]. *Energy Policy*, 2006, 34 (7): 3206 – 3217.

条件，其核心内容为市场上农产品供需决定了销售价格，销售价格决定了农产品的经营类型和方式；而农产品的消费成本不仅包括生产成本也包括运输成本，且运输成本具有重要影响，决定着农产品市场的区位。另一位德国经济学家在农业区位理论的基础上提出了工业区位理论，其核心思想是工业企业应考虑运输、生产等成本，建立在综合成本最低点。后有学者在农业区位理论基础上进行假设，提出了中心地理论：一是假设研究区域是平原；二是不与外界联系；三是该研究区域的人口均质分布；四是按照利润进行分配和布局，据此提出了"六边形模型"。该理论认为："城镇是区域的核心，应建立在乡村中心的位置，作为市场交易的场所，为周围乡村提供商品和服务"。城市利用结构理论主要与土地利用有关，土地作为一种生产和生活资料，人们可以对其使用、改造和保护，以反映城市空间布局的基本结构和各功能的差异，达到一定的土地利用效果。

2. 人口迁移理论

推—拉理论和配第—克拉克定理等都是人口迁移理论的重要内容，其中推拉理论最常被学者用来分析人口迁移的原因。英国学者总结了人口迁移的规律：人口流动皆是从农村向城镇转移，在世界任何国家都不例外；人口迁移的方向是由落后的农村向第二三产业发达的城市迁移，一般地理距离比较短，长距离的迁移一般为向大城市转移；人口向城镇中心迁移过程中，会在城镇郊区进行过渡；人口迁移也可以给迁出地带来反向补偿，在一定程度上有利于迁出地的经济发展；农村向城镇转移的人口较多，而反过来转移的人口则要少很多；从性别结构来看，女性较男性更愿意迁移到城镇。上述规律是推拉理论的渊源。之后唐纳德·博格提出了推拉理论，认为人口迁移是推拉共同作用结果。由于自然资源枯竭、劳动力过剩、务农成本高、收入水平低等因素存在于人口迁出地，会对原住居民产生"推力"，导致原住居民从常居地迁出，虽然迁出地也存在如乡情、社交网络等的"拉力"，但迁出地"拉力"作用不显著。

1940年，科林·克拉克基于就业人口在三次产业中的从业情况和收入水平的对比，在威廉·配第的劳动力与收入的研究基础上，提出了配第—克拉克定理。其主要内容为：劳动力的流向主要是由收入差异引致的，收入高的部门更易吸引劳动力流入。随着国民收入水平的逐步提升，从业人员由第一产业向第二产业再向第三产业转移，逐渐呈现出第一产业劳动力逐渐减少，第二、三产业劳动力增加的趋势。

3. 城市结构转变理论

城市结构转变理论起源于二元经济结构理论，后有学者陆续对此进行完善，逐步提出了多种相关理论。1954年，刘易斯提出了二元经济结构理论，其主要内容为：在经济发展初期，农业劳动生产率低下，农村劳动力存在剩余，导致农业收入水平偏低；而城市工业企业根据供需市场机制决定了劳动力的工资水平，根据经济学原理，尽管此时工业企业部门的收入和农业收入同样低，但随着耕地资源的减少，农业劳动力的提高，剩余劳动力进一步增加，导致农业劳动力的收入水平进一步降低，此时，工业企业提供的就业机会吸引多余的农村劳动力仍会向工业企业转移，这一状态将持续到刘易斯"拐点"。

当经济增长达到该"拐点"，意味着两部门的边际劳动生产率相等，农村剩余劳动力向城镇转移完毕。此时，农业部门劳动力是否进一步向城镇转移，则取决于工业企业的工资水平与城乡的收入差距。由于初期工人较低的收入水平为工业企业提供了资本积累，且工业企业的生产率较高，城镇的经济、人口集聚等，促使工业企业扩大生产规模，提高生产效益和工人工资，由此城乡收入差距拉开，工业企业的较高收入水平吸引农村劳动力进一步向城镇转移[①]。

费景汉—拉尼斯认为刘易斯的二元经济结构理论存在一定问题，认为农业生产率的提升导致的农村劳动力过剩，是导致农村居民向城镇转移的

---

① 王桂新. 城市化基本理论与中国城市化的问题及对策 [J]. 人口研究，2013，37（6）：43-51.

根本因素，因此对其进行修正，提出了费景汉—拉尼斯模型。而钱纳里结构转换理论则认为经济发展是劳动力发生转移的主要原因，因为收入水平的提高，第二、三产业不断发展，吸引更多就业人口，才导致第一产业产值和就业人口比重的逐渐下降。舒尔茨经济转换理论从根本上推翻了二元经济结构理论，其认为当农业生产率低下时，根本不存在农村剩余劳动力。

4. 生态学派理论

生态学派理论主要强调人与自然的和谐共处。"田园城市"最早于1898年被提出，其应兼有城市便利和乡村风景优美的共同优点。1919年，"田园城市"被明确提出，并进行了概念的界定：田园城市的规模不是越大越优，而应控制在一定范围内，可以充分满足居民的生活需求，包括生产产业、居住环境、生活设施等，且周围有一定的土地，为城市居民提供生活所需，但土地属于公共财产。1916年，一位美国学者认为城市土地的利用价值是导致城市经济和社会阶层分离的原因，由此提出了古典人类生态学理论，其核心观点是土地价值决定了城市居民的生产和生活方式。

上述理论展示了随着城市化进程的加快，由于受到多种"拉力"和"推力"的影响，尤其是城镇收入水平的显著提高，城乡收入的相对差距，农村人口众多，促使农村人口转移至城镇，随着城市人口集聚和经济增长，对土地资源、基础设施、公共服务等的需求增多，城市固定资产投资增多，交通设施趋向完善，城市土地面积扩张，产业结构升级，在城市建设过程中消耗了大量能源，碳排放显著增多，对生态环境造成较大影响，而人口集聚带来人力资本聚集，形成的技术溢出效应有利于碳减排。且随着居民生活水平的提高，对生活质量的需求提升，传统城镇化向新型城镇化发展，居民更加重视生态环境，追求人与自然的和谐相处，重视碳减排工作。城市化理论为研究新型城镇化建设对碳排放的影响起到了理论支撑作用。

2.2.2 低碳经济理论

"低碳经济"在2003年被英国首次提出，其被定义为在社会进步和经济发展过程中，要重视生态环境的保护，尽量减少碳排放。可通过以下三种途径实现低碳经济：一是开发低碳能源，低碳能源是指与消耗同等的化石能源相比，其碳排放量更少的能源，比如风能、太阳能等。能源消费结构的改变是低碳经济的首要任务，提高低碳能源占能源消费总量的比重。二是提升低碳技术，低碳技术为经济可持续发展提供了支撑。三是推行低碳机制，经济的发展需要一定的制度作保障，低碳经济也是如此，需要政府制定相关的环境规制手段，从供给侧角度降低碳排放。因此，本书基于低碳经济理论，从低碳技术和低碳机制入手，选取了能源效率、技术进步和环境规制指标，研究其对碳排放的作用机制。但由于地级市能源结构数据的缺乏，本书仅简单介绍了其对碳排放的作用机理，未进行更深层的实证检验。

2.2.3 环境库兹涅茨曲线

1991年，"环境库兹涅茨曲线理论"被首次提出。该理论认为：在无环境政策条件下，区域内的环境质量与经济增长呈倒"U"型关系，并给出如下理由：经济增长促进了技术进步，技术进步的提升有利于提高能源效率，能源效率可有效抑制碳排放；在经济发展初期，要先满足人民物质生活需求，当物质满足之后，人民就开始重视环境质量；经济发展的本质在于经济结构的优化升级，生产效率由低部门向高部门转移，即产业结构由农业转为工业，再到以服务业为主导，由于重工业需要消耗大量能源，服务业对能源的需求相对较低，即经济发展与能源需求呈先上升后下降的趋势；在当今全球经济发展下，由于成本及国家政策的原因，发达国家的高能耗、高污染企业出于规避成本的考虑，将这些产业转移至劳动力充足、环境规制相对宽松的地区，发达国家的进出口产业结构影响了经济增长与环境质量的关系，两者关系还受到环境政策的影响。综上所述，环境库兹涅茨曲线认为经济增长、产业结构、对外开放、环境规制政策、居民收入水平等对环境产生影响，基于此选取了相关指标进行实证检验，并依据该理论构建了 EKC 模型，对中介效应和调节效应进行更深层的检验分析，这也是本书的两大亮点。

2.2.4　波特假说

1995 年，波特（Porter）教授和范德林德（Vander）提出了"波特假说"，该假说认为环境规制政策的实施可能并不总会增加企业的生产成本，从而导致其竞争力的下降，两者可能存在"双赢"，因为严格但合适的环境规制可以促进企业创新和技术进步，而技术进步降低的生产成本可能高于环境规制增加的生产成本[1]。而产生这种可能的原因主要有以下几点：环境规制提高了企业环保意识，促使企业开发清洁技术；环境规制的存在增加了环境有关的投资风险，促使企业将资金用于创新研发；环境规制迫使企业提高能源利用效率；环境规制使得有先进技术的企业获得竞争优势[2]。

后有学者从行为学说、组织失灵和市场失灵等角度证明了环境规制存在的必要性，验证了"波特假说"的正确性。安贝克（Ambec）等认为企业出于预期收益考虑，更侧重于投资获得现期收益的产品，由于创新投资获得的是未来收益，一般情况下企业出于收益考虑不会进行创新投资，但由于环境规制的存在，企业为了长远发展可能将部分资金用于创新投入，在未来使得企业获得竞争优势[3]。辛普森（Simpson）等也认为，大部分企业并非完全竞争企业，环境规制为企业提供了战略优势，在绿色研发方面

---

①　Porter M. E. , Vander L C. Toward a new conception of the environment – competitiveness relationship [J]. *Journal of Economic Perspectives*, 1995, 9 (4): 97 – 118.

②　余伟，陈强. "波特假说" 20 年——环境规制与创新、竞争力研究述评 [J]. 科研管理, 2015, 36 (5): 65 – 71.

③　Ambec S, Barla P. Can environmental regulations be good for business? An assessment of the Porter Hypothesis [J]. *Energy Studies Review*, 2006, 14 (2): 42 – 62.

投资较早的企业，可能取得先行者优势①。安贝克等从"组织失灵"的角度对"波特假说"进行解释，认为企业经理具有优先获得信息的优势，企业经理可能依据现有信息从企业创新投资中抽取租金，但由于环境规制的存在，可能降低企业创新资金投入②。本书基于"波特假说"视角，对环境规制、技术进步与碳排放之间的作用机理进行了阐述。

2.2.5　投资乘数理论

投资乘数理论指当社会有效需求不足时，若存在资金可投入某项目，获得的收益将数倍于原始投资。凯恩斯运用边际消费倾向理论对其进行了一般解释：消费倾向等于消费量与收入量之比，边际消费倾向则为两者增量之比，该指标呈递减趋势，获得的收益主要取决于投资乘数与投入的资金。一般而言，国民收入分为两个部分，一部分用于储蓄，一部分用于消费，若皆用于消费，则投资乘数趋近于无穷大；若全部用于储蓄，则投资乘数为1。因此，投资乘数理论表面意义为扩大消费即可促进经济发展，但实质是消费带动了生产，生产促进了 GDP 的增长。因此，为了促进经济增长，部分投资应用在基础设施建设领域。本书选取了基础设施作为中介变量，基础设施作为一种投资，通过投资乘数理论促进经济增长的同时，促进了农村人口就业转型，有利于新型城镇化建设，同时基础设施建设过程也会对碳排放产生影响，具体作用机理在第 5 章进行详细阐述。

2.2.6　内生经济增长理论

内生经济增长理论将新古典增长理论中的某些变量内生化。首先，将

① Simpson D. , Bradford R. L. Taxing variable cost：Environmental regulation as industrial Policy [J]. *Journal of Environmental Economics and Management*，1996，30（3）：282 – 300.
② Ambec S，Barla P. A theoretical foundation of the Porter hypothesis [J]. *Economics Letters*，2002，75（3）：355 – 360.

储蓄率内生。卡斯（Cass）① 和库普曼斯（Koopmans）② 认为居民的消费选择偏好决定了储蓄率，而储蓄率对投入资本具有决定性作用，因此储蓄率内生于资本投入，该理论起源于拉姆齐（Ramsey）的消费者最优模型③。Ramsey – Cass – Koopmans 模型的突破在于将储蓄率内生，不足在于仍将技术进步视为外生变量。其次，将劳动力供给内生。新古典经济学认为更高的人口增长率降低了均衡时的收入和产出水平，忽略了工资收入、养育成本对人口增长的影响。而内生经济增长理论将迁移、生育和劳动/闲暇选择等纳入分析框架将人口增长率内生。并给出了如下解释：在出生率和死亡率既定的情况下，迁移改变了人口和劳动力；生育的选择决定了出生率；当劳动/闲暇选择存在时，劳动力就不等于人口。最后，将技术进步内生。由于技术进步属于公共物品，具有非竞争性。国民收入由劳动、资本和土地共同决定，在一定生产知识给定的前提下，投入相同比例的生产要素，获得的产出是双倍的。

但考虑了技术进步后，则出现规模报酬递增的现象，该结论与完全竞争相冲突，不符合新古典经济理论的假设，由此提出了内生经济增长模型。可通过以下方式实现规模报酬递增：（1）要素报酬不变。在新古典经济增长模型中，边际生产率递减规律决定了均衡状态下的人均资本增长率为零，资本投入存在上限，但内生经济增长模型认为能够避免资本边际生产力递减现象。（2）干中学与知识的外溢。阿罗（Arrow）④和辛斯基（Sheshinski）⑤ 认为投资过程中可创造出知识，知识的提升可消除报酬递减。认为在生产和生活过程中，人们通过学习获得知识，促

① Cass D. Optimum growth in an aggregative model of capital accumulation ［J］. *Review of Economic Studies*，1965，32（5）：233 – 240.

② Koopmans T. C. On the Concept of Optimal Economic Growth ［J］. *Cowles Foundation Discussion Papers*，1963，28（12）：392.

③ Ramesy F. A matharnatical theory of svaing ［J］. *Economic Journal*，1928，38（6）：543 – 559.

④ Arrow K. J. The economic implication of learning by doing ［J］. *Review of Economic Studies*，1962，29（3）：155 – 173.

⑤ Sheshinske E. *Optimal Accumulation with Learning by Doing* ［M］. Cambridge，MA：MIT Press，1967：26.

进技术进步和总结经验，从而有助于提高生产率，且可以通过相互模仿学习实现知识和技术的传播，从而使得规模报酬递增成为可能。罗默（Romer）对此进行了证明，得到了竞争性框架下的均衡技术进步率，但认为该增长率将不再是帕累托最优[1]。（3）人力资本。人力资本的积累可以提高劳动生产率。卢卡斯（Lucas）认为人力资本水平的提升可通过学习和知识的外溢获得，生产者可通过人力资本水平的提升促进技术进步[2]。（4）研究和开发（R&D）。罗默等[3]、阿吉翁和豪易特（Aghion and Howitt）[4]、格鲁斯曼和赫尔普曼（Grossman and Helpman）[5]等提出R&D支出可用来提高技术水平。

内生经济增长理论可以总结如下：技术进步是经济增长的动力，但技术进步受劳动力分工程度、专业化程度和人力资本积累的影响。本书基于该理论探究了人力资本水平以及由其产生的技术进步对碳排放的影响。

 2.3 新型城镇化发展和碳排放现状

2.3.1 新型城镇化发展现状

2014 年，《规划》正式出台，指明了新型城镇化的建设目标和本质内

① Romer P. M. Increasing return and long – run growth ［J］. *Journal of Political Economy*，1986，94（7）：1002 – 1037.

② Lucas R. E. On the mechanism of economic development ［J］. *Journal of Monetary Economics*，1988，22（1）：3 – 22.

③ Romer P. M，Review A. E.，Duflo E. Are Nonconvexities Important for Understanding Growth? ［J］. *American Economic Review*，1990，80（5）：97 – 103.

④ Aghion P.，Howitt. A model of growth through creative destruction ［J］. *Journal of Econometrics*，1992，60（2）：323 – 351.

⑤ Grossman G. M.，Helpman E. Innovation and Growth in the Global Economy ［J］. *Mit Press Books*，1993，1（2）：323 – 324.

涵，并提出新型城镇化建设的目标之一是实现低碳城市建设。那么自党的十八大至 2020 年，我国的新型城镇化建设取得哪些成效呢？

（1）城镇化水平持续攀升，半城镇人口不断扩大。我国的城镇化率自 2012 年来增长了 11 个百分点，2020 年达到 63.89%，在 2019 年实现预期目标；户籍人口城镇化率 2020 年达到 45.40%，于当年实现预期目标，具体见图 2-1。党的十八大以来，城镇化率在常住人口与户籍人口之间的差距缓慢扩大，"半城镇化"人口呈上升趋势，人口由 2012 年的 2.33 亿人增长至 2020 年的 2.61 亿人，意味着还有 2.61 亿人的进城人口未实现真正的"市民化"，新型城镇化户籍改革道路任重道远。

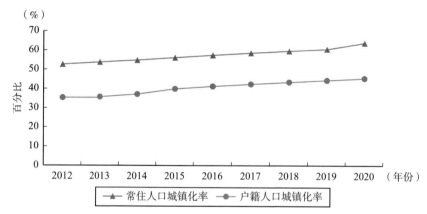

图 2-1   2012~2020 年中国常住人口城镇化率和户籍人口城镇化率

资料来源：2013~2021 年《中国统计年鉴》。

（2）基本公共服务水平有所提升，部分指标预期目标尚未达到。2012 年，中国城镇基本养老保险覆盖率为 42.75%，在 2012~2020 年，总体呈上升趋势，至 2020 年底，该指标达到 50.56%，较上年降低了 0.70%，增长较为缓慢。2012~2020 年，基本养老保险覆盖率增长较为缓慢，在 2020 年达到 70.12%，但与预期目标的 90% 存在较大差距。基本医疗保险覆盖率增长幅度较大，由 2012 年的 39.62% 增长至 2020 年的 96.80%，与 2020 年预期目标的 98% 存在 1.20% 的差距。2014~2020 年，基本养老保

险基金收入分别为：2.76亿元、3.22亿元、3.76亿元、4.61亿元、5.40
亿元、5.61亿元、4.87亿元，在2012～2018年呈显著增长趋势，2019年
增长速度有所下降，在2020年呈下降趋势（见图2－2），意味着虽然中
国养老保险覆盖率呈上升趋势，但人均养老保险基金呈下降趋势，随着老
龄化人口的加剧，该形势将更加严峻。

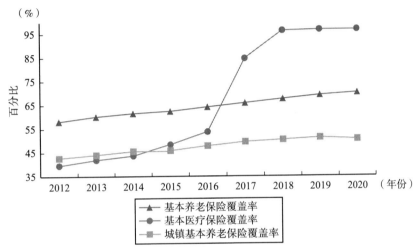

图2－2　2012～2020年中国基本养老保险覆盖率和基本医疗保险覆盖率

资料来源：2013～2021年《中国统计年鉴》。

　　（3）城市基础设施建设显著提升，农村基础设施建设有待加强。
2012～2020年，城市公共供水普及率由97.16%增长至98.99%，超过预
期目标将近9个百分点，基本实现全覆盖。水利部统计数据显示，2020年
底，农村的用水普及率与城市相比，还存在一定差距。城市燃气普及率由
2012年的93.15%增长至2020年的97.87%，也基本实现了城市燃气全覆
盖，农村地区的燃气普及率从2013年的19.8%增长至2018年的28.6%
（见图2－3），增长幅度较为显著，但大多数农村仍以薪柴、煤炭为主，
存在着浪费资源、污染较大的问题。2012～2019年，城市污水处理率增长
了9.5个百分点，至2020年底，该指标达到97.53%。但2020年，乡污

水处理率和污水处理厂集中处理率分别为 21.67% 和 13.43%，由这些指标可以看出，农村地区的大部分污水未经处理直接浸入地下水，严重影响了农村居民的健康问题。2012～2020 年，城市生活垃圾无害化处理率由84.8% 增长至99.7%，已超《规划》中预期目标将近 5 个百分点，绝大部分省市的农村仍存在垃圾污染严重的问题。2020 年，城市社区综合服务设施实现了全覆盖；而农村地区该指标为 65.7%，虽已超预期目标15.7%，但与城市相比，仍存在较大差距。城市基础设施建设主要指标数据见图 2 - 3。

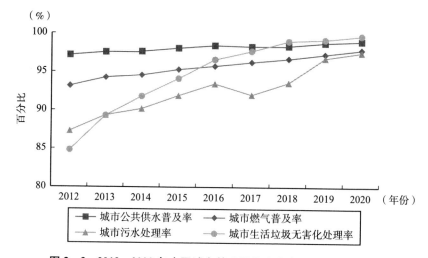

图 2 - 3　2012～2020 年中国城市基础设施建设主要指标变化趋势

资料来源：2013～2021 年《中国统计年鉴》。

（4）资源环境建设初见成效，进步空间有待持续开发。2020 年《中国统计年鉴》数据显示，2019 年底，中国建成区绿化覆盖率达到 41.5%，已超 2020 年《规划》目标的 38.9%，但显然通过优化空间布局，该指标有进一步增加的可能。2012～2020 年，城镇可再生能源消费比重的变化趋势见图 2 - 4。由图 2 - 4 中可知，城镇可再生能源消费比重由 2012 年的8.7% 增长至 2020 年的 24.3%，增长了 15.6%，增长幅度巨大，但通过技术进步，可再生能源的总量可进一步扩大，进一步减少化石能源消费比重。统计公报显示，2015～2020年，地级以上空气质量达标率分别为21.6%、24.9%、29.3%、35.8%、46.6%、59.9%，每年都在呈显著增长趋势，与2020年《规划》中预期目标仅差0.1%，基本达到预期，但随着清洁技术的开发，化石能源消耗占比的降低，环境规制强度的提升，该指标可达到100%。上述表明，虽然我国新型城镇化建设在资源环境建设方面已取得较大成就，但仍然存在较大进步空间。

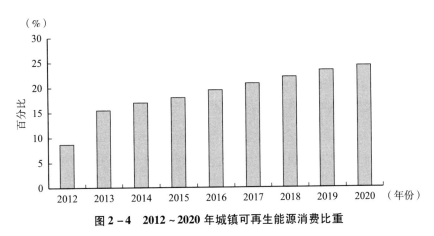

图 2 - 4　2012～2020年城镇可再生能源消费比重

资料来源：2012～2020年《国民经济和社会发展统计公报》。

2.3.2　碳排放现状

（1）中国碳排放总量居世界首位，人均碳排放量远低于发达国家。2020年，世界发展银行统计数据显示，中国碳排放总量为98.99亿吨，居世界首位。美国碳排放总量为44.32亿吨，位居第二位，接下来排名三到十的分别是印度、俄罗斯、日本、伊朗、德国、韩国、沙特阿拉伯、印度尼西亚，对应的碳排放总量分别为：22.98亿吨、14.31亿吨、10.27亿吨、6.50亿吨、6.05亿吨、5.78亿吨、5.65亿吨、5.41亿吨。中国碳排放总量占全球碳排放总量的31.15%，美国的占比为13%，印度的占比为

7%，其他国家的占比为49%。中国碳排放总量在2020年较2009年增长了21.2亿吨，且在总体上呈上升趋势。

从人均碳排放来看，中国人均碳排放由2009年的5.78吨/人增长至2020年的7.01吨/人，12年间增长了1.23吨/人，年均增长率为1.62%，虽然呈增长趋势，但增长较为缓慢。中国具体的碳排放总量和人均碳排放量见图2-5。2020年世界主要发达国家的人均碳排放见图2-6。从图2-5中可以看出，在2020年，沙特阿拉伯和美国的人均碳排放是同时期我国的2.5倍，加拿大也是同时期我国的2倍多，意大利和马来西亚的人均碳排放皆比我国高0.69吨/人，可见，从人均碳排放①来看，中国低于同时期很多发达国家。

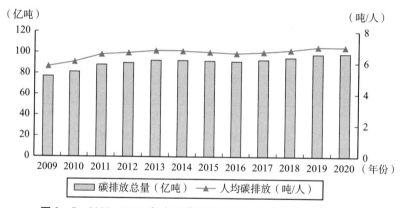

图2-5 2009～2020年中国碳排放总量和人均碳排放变化趋势

资料来源：碳排放总量来源于《世界能源统计年鉴2020》。

（2）能源消费仍是碳排放主要来源，化石能源消费占比呈下降趋势。图2-7反映了2020年中国碳排放来源结构。从图2-7中可以看出，2020年中国碳排放主要来源于能源消费领域，占比为77%。2012～2020年，化石能源消费总量由33.61亿吨标准煤增长至48.70亿吨标准煤，

---

① 姚星垣. 金融发展、全要素生产率与碳排放：来自G20的证据［J］. 环境经济研究，2019，4（1）：22-38.

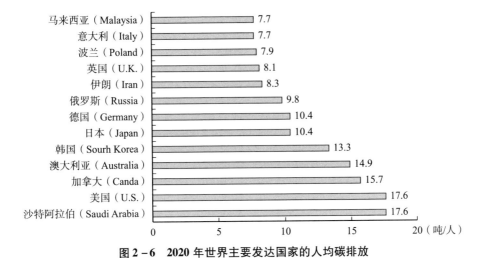

图 2－6 2020 年世界主要发达国家的人均碳排放

资料来源：世界银行 . World Development Indicators ［EB/OL］. 世界银行，https：//databank. worldbank. org/source/world-development－indicators，2020.

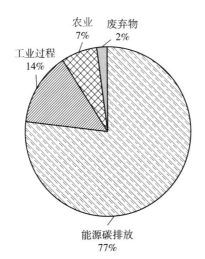

图 2－7 2020 年中国碳排放来源结构

资料来源：全球环保研究（GEP Research）（2021）. 全球及中国碳排放与碳中和行业发展研究报告（2021 展望）［EB/OL］. 德中环保咨询，http：//www. gepresearch. com. 2021.

增长了 15.09 亿吨，且在整体上呈稳步增长趋势，意味着尽管清洁能源消费比重呈上升趋势，化石能源消费总量上升，化石能源仍是中国的主要能源来源，具体可见图 2-8。从图 2-8 中可以看出，2009~2020 年，我国煤炭消费总量占比由 71.6% 降低至 56.8%，降低了 14.8%，但煤炭消费占比仍然偏高，煤炭仍然是现阶段与今后相当长时间内的主要能源，中国特有的能源消费结构决定了我国碳排放总量大，且在长期内难以改变，要实现"碳达峰"和"碳中和"还需要从多方面努力。

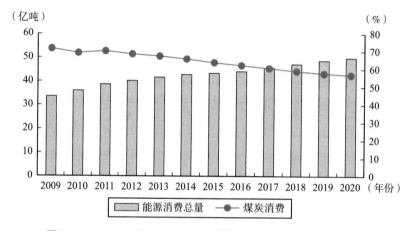

图 2-8 2009~2020 年中国能源消费总量和煤炭消费占比趋势

资料来源：2010~2021 年《中国统计年鉴》。

新型城镇化建设的目的是实现城镇化的高质量发展，其核心在于以人为本、可持续发展和协调发展，即鼓励农村人口向城镇迁移，实现农民市民化，提高基础设施建设，提升公共服务水平，优化空间布局，实现资源集约节约利用。根据前文分析可发现，新型城镇化建设已取得一定成效。从碳排放现状分析，我国碳排放问题依然严峻，能源结构仍以化石、石油等高排放能源为主。而绿色低碳发展是城镇化高质量发展的核心内容，碳减排是城镇化高质量发展必须解决的问题，能源利用效率的提高是当前新型城镇化建设减少碳排放的主要途径，探索在新型城镇化建设中减少碳排放是迫切需要解决的问题。本书结合《规划》和新型城镇化的内涵，认为新型城镇化建设对碳排放的作用主要受到基础设施建设、能源利用效率和资源环境保护力度的影响，据此从环境规制、基础设施建设和能源效率角度探究新型城镇化建设与碳排放之间的作用机制。

第3章

新型城镇化建设对碳排放的直接政策效应分析

本章基于新型城镇化建设和"双碳"目标的现实背景,对《规划》进行解读,紧扣新型城镇化建设的本质内涵,认为新型城镇化建设对碳排放具有显著影响,据此以新型城镇化建设试点政策作为准自然实验,非试点地区作为对照组,运用双重差分模型进行验证,并对结果进行稳健性、内生性检验和异质性分析。

3.1 直接政策影响的机理分析与研究假说

《规划》指出新型城镇化建设的目标之一就是实现绿色低碳发展,因此明确新型城镇化与碳排放的关系具有十分重要的现实意义。但新型城镇化对碳排放有何种影响,需从正反两方面进行分析。第一,新型城镇化建设可能带来大量碳排放。首先,在我国的能源消费结构构成中,仍以化石能源为主,化石能源的消费产生了大量的碳排放和环境污染。其次,新型城镇化是指大量农村人口向城镇转移,对城镇空间需求增加,并引起了原来生产生活方式的改变。随着人口规模的扩大,必将对城镇土地的需求增加,城市建设用地面积挤占林地和耕地,促进了能源消费碳排放的增长。

再次，农村人口向城镇转移伴随居民收入水平的提升和家庭规模小型化的现象，收入水平的提升导致了生活习惯的改变，家庭规模的缩小导致家庭数量的增加，产生了更多的碳排放①。而且随着社会的逐渐老龄化，城镇的老龄人口产生的人均碳排放显然高于农村老龄人口，已有研究表明，在老龄化初期，老龄化导致了碳排放量的增加，而中国正处于老龄化初期阶段②。最后，新型城镇化建设强调完善城市之间、城乡之间、区域之间的交通基础设施网络，加强城市基础设施建设，完善交通运输通道，改善交通运输条件。大量农村人口向城镇集聚，对住房、交通、医疗和教育等基础设施的需求增加，基础设施建设对钢铁、建筑、化工等的需求显著增加，将带动这些高耗能产业的发展，由此产生大量的碳排放。

第二，新型城镇化建设也可能会降低碳排放。首先，随着城镇人口集聚和人力资本水平增加，人力资本的累积对碳排放的增加具有抑制作用。相较于农村而言，城镇居民有更多的机会增加收入和接受教育，由此带动人力资本水平的提升。一方面为经济增长提供了人力保障，在一定程度上有利于缓解环境污染；另一方面，人力资本水平的提升促进了清洁技术进步，增加了清洁要素选择，有利于降低碳排放③。其次，新型城镇化建设促进了产业结构升级，产业结构升级通过结构效应和技术效应助推碳减排。产业结构由第二产业为主导向第三产业为主导的升级过程中，消耗的化石能源总量有所下降，对能源需求差异显著，因此伴随着产业结构的升级，碳排放总量呈下降趋势；同时，产业结构升级助推技术进步，有利于提高能源效率，开发更多清洁能源，降低化石能源消费总量④。再次，新型城镇化建设促进了经济集聚，经济集聚在一定程度上有利于碳减排。经

---

① Li Y., Gao K. The impact of green urbanization on carbon emissions: The case of new urbanization in China [J]. *Frontiers in Environmental Science*, 2022, 10: 1070652.

② 李飞越. 老龄化、城镇化与碳排放——基于1995~2012年中国省级动态面板的研究 [J]. 人口与经济, 2015 (4): 9-18.

③ 张腾飞, 杨俊, 盛鹏飞. 城镇化对中国碳排放的影响及作用渠道 [J]. 中国人口·资源与环境, 2016, 26 (2): 47-57.

④ Sun Y. Yan K. X. Inference on Difference – in – Differences average treatment effects: A fixed-b approach [J]. *Journal of Econometrics*, 2019, 211 (2): 560-588.

济集聚具有知识和技术溢出效应，有利于提高人力资本水平，带动技术进步和能源效率的提升①。格拉泽（Glaser）认为，城市作为经济集聚的载体，与分散的乡村相比，更具有环保优势，并可以通过降低通勤距离对碳排放产生抑制影响②。最后，政府实施的诸多环境管制政策有利于抑制碳排放的增加。政府一方面通过实施各种环境政策，迫使企业增加研发、创新和清洁技术等方面的投资力度，鼓励企业采用清洁生产技术取代传统高能耗技术，降低碳排放；另一方面，政府通过对城市进行规划，提高公园绿地面积，提高绿色覆盖率，划定耕地红线，鼓励退耕还林，严控城市建成区占地面积等手段，降低碳排放。

基于上述新型城镇化建设对碳排放的双重效应分析，提出假说 3.1。

假说 3.1：新型城镇化建设对碳排放的直接政策影响取决于双重作用的综合效果。

3.2　模型设定、变量选取和数据说明

3.2.1　双重差分法模型设定

2014 年，首批新型城镇化试点地区正式公布，主要包括 25 个地级城市、3 个计划单列市和 2 个省份，构成了构建准自然实验的基础，为双重差分法的运用创造了条件。与其他政策评估方法相比，双重差分法的优势可以消除实验组和对照组的共同趋势，有利于避免回归中的遗漏变量和内

---

① 邵帅，张可，豆建民. 经济集聚的节能减排效应：理论与中国经验 [J]. 管理世界，2019，35（1）：36 – 60.

② Glaeser E L. Triumph of the City: How Our Greatest Invention Makes Us Richer, Smarter, Greener, Healthier, and Happier [J]. *Journal of Economic Sociology*, 2013, 14 (3): 332 – 333.

生性问题①。由于首批试点政策于 2014 年 12 月颁布，将 2015 年及以后作为政策发生期，选取 2010～2019 年作为研究区间。

本书选取地级城市作为研究样本，为了保证研究尺度的一致性，剔除 4 个直辖市和第一批试点县所在的地级市，进一步剔除第二批和第三批试点城市，将安徽省和江苏省的地级市归入实验组②。同时考虑到数据的连续性、可比性与行政区划调整等因素，进一步剔除 18 个地级城市③。最后，得到 2010～2019 年共 164 个地级市样本的数据，其中，59 个地级市为试点城市，将其归为实验组，剩余 105 个城市则为对照组，具体见表 3 - 1。

表 3 - 1　　　　　新型城镇化地级城市试点地区与非试点地区

试点区域（59 个地级城市）	非试点区域（105 个地级城市）
石家庄市、宁波市、大连市、莆田市、长春市、鹰潭市、青岛市、吉林市、南京市、扬州市、苏州市、绍兴市、哈尔滨市、徐州市、齐齐哈尔市、镇江市、牡丹江市、无锡市、合肥市、芜湖市、常州市、黄山市、南通市、宿州市、连云港市、亳州市、淮安市、宣城市、威海市、盐城市、淮南市、泰州市、淮北市、宿迁市、武汉市、广州市、蚌埠市、长沙市、德州市、马鞍山市、洛阳市、深圳市、铜陵市、安顺市、安庆市、泸州市、滁州市、曲靖市、金昌市、阜阳市、孝感市、株洲市、六安市、柳州市、东莞市、池州市、惠州市、来宾市、固原市	承德市、松原市、锦州市、沧州市、运城市、阜新市、廊坊市、辽源市、长治市、衡水市、太原市、阳泉市、朔州市、张家界市、汕尾市、忻州市、白城市、梧州市、乌海市、汕头市、娄底市、清源市、乌兰察布市、玉溪市、北海市、抚顺市、益阳市、宝鸡市、丹东市、嘉峪关市、营口市、河源市、普洱市、辽阳市、平凉市、资阳市、盘锦市、汉中市、广安市、铁岭市、安康市、朝阳市、葫芦岛市、鸡西市、鹤岗市、双鸭山市、大庆市、兰州市、七台河市、杭州市、温州市、嘉兴市、舟山市、丽水市、昭通市、厦门市、景德镇市、新余市、上饶市、枣庄市、东营市、泰安市、日照市、铜川市、聊城市、滨州市、平顶山市、安阳市、焦作市、漯河市、三门峡市、南阳市、商丘市、信阳市、周口市、驻马店市、十堰市、鄂州市、黄冈市、咸宁市、衡阳市、邵阳市、威武市、岳阳市、珠海市、江门市、湛江市、梅州市、中山市、南宁市、防城港市、贵港市、贺州市、河池市、崇左市、攀枝花市、德阳市、广元市、内江市、乐山市、宜宾市、雅安市、昆明市、乌鲁木齐市

　　① 郭晨，张卫东. 产业结构升级背景下新型城镇化建设对区域经济发展质量的影响——基于 PSM - DID 经验证据 [J]. 产业经济研究，2018（5）：78 - 88.
　　② 陈林. 自然垄断与混合所有制改革——基于自然实验与成本函数的分析 [J]. 经济研究，2018，53（1）：81 - 96.
　　③ 陈晓红，周宏浩. 城市精明发展与生态效率的协同测度及交互响应——以中国 276 个地级以上城市为例 [J]. 地理研究，2019，38（11）：2653 - 2665.

本书以 2014 年首批新型城镇化试点城市作为实验组，未进入名单的城市作为对照组，运用双重差分模型探究"新型城镇化建设是否助推碳减排"[1]，具体模型如下。

$$Y_{it} = \beta_0 + \beta_1 DID + \sum \gamma_j Controls_{it} + u_i + \varepsilon_{it} \qquad (3.1)$$

然后运用 PSM – DID 进行稳健性检验[2]，具体公式如下。

$$Y_{it}^{PSM} = \beta_0 + \beta_1 DID + \sum \gamma_j Controls_{it} + u_i + \varepsilon_{it} \qquad (3.2)$$

在式（3.2）中，Y_{it} 表示人均碳排放，Y_{it}^{PSM} 表示倾向匹配得分后的人均碳排放；DID 为倍差项，是 $treated$ 与 t 的交互项，$treated$ 指研究样本；当 $treated = 0$ 时，表示未实施新型城镇化试点政策的城市将其归为对照组，当 $treated = 1$ 时，表示实施新型城镇化试点政策的城市将其归为实验组；t 是研究时间，当 $t = 0$ 时，表示在 2015 年之前试点政策尚未实施，当 $t = 1$ 时，表示在 2015 年及以后试点政策已经实施；$Controls_{it}$ 表示控制变量，u_i 表示个体固定效应，ε_{it} 为扰动项。

3.2.2 变量选取

本书选取人均碳排放作为被解释变量，用碳排放与市辖区平均人口比值衡量。采用的 2010 ~ 2017 年碳排放数据来源于陈建东等的测算。该数据考虑了各地区植被固碳的碳汇影响，测算结果较为准确，现已收录于 CEADs 数据库，可直接引用。2018 ~ 2019 年的二氧化碳数据，根据该文提供的方法，运用校正的 NPP/VIIRRS 的夜间灯光数据进行计算得到[3]。倍差项（DID）为核心解释变量。

本书选取城市人口密度、固定资产投资、土地城镇化水平、人均收入

---

① Sun Y. , Yan K. X. Inference on Difference – in – Differences average treatment effects: A fixed-b approach [J]. *Journal of Econometrics*, 2019, 211 (2): 560 – 588.

② 王华星，石大千. 新型城镇化有助于缓解雾霾污染吗——来自低碳城市建设的经验证据 [J]. 山西财经大学学报，2019，41 (10): 15 – 27.

③ Jian D. C. , Ming G. , Shu L. C. , et al. County-level CO_2 emissions and sequestration in China during 1997 – 2017 [J]. *Scientific Data*, 2020, 391 (7): 1 – 12.

水平、人力资本水平和财政支出水平作为控制变量。由于新型城镇化的建设促进大量农业人口集聚在城镇，城镇人口密度对碳排放的影响表现为驱动作用和制动作用①。农村人口向城镇转移，收入水平的提高、生活习惯的改变、家庭规模小型化等提高了人均碳排放，这是驱动机制；人口集聚带动的溢出效应、技术进步和规模效应等，有利于降低人均碳排放，这是制动作用。城镇人口密度选取市辖区常住人口与市辖区土地面积之比衡量。

在地方政府的竞争压力下，绝大部分的固定资产投资用于基础设施建设，基础设施建设也是新型城镇化建设的重中之重，在其建设过程中增加钢铁、化工、建筑等材料的需求，并同时消耗大量能源，极大程度上促进了碳排放的提升；而根据投资乘数理论，固定资产的投资尤其是投入到基础设施建设领域，可以引起国民收入的数倍增加，显著促进了经济增长，在经济增长效应和技术溢出效应的作用下，引进先进的生产技术，提高能源利用效率，有利于碳减排②。因此，固定资产投资对碳排放也具有正反两方面影响。固定资产投资选取固定资产投资占 GDP 的比重衡量。

土地城镇化水平采用建成区面积占比来衡量。随着建成区面积的扩张，挤占郊区农民的耕地和林地等，同时也需要配套的基础设施建设，建成区面积的增加既减少了碳汇又增加了碳源，但也增加了政府财政收入，促进当地经济发展，政府可通过分配财政支出结构对碳排放产生影响③。

人力资本水平采取受高等教育人口占地区常住人口比重衡量。根据内生经济增长理论，技术进步的决定因素是人力资本，人力资本可以通过学习获得技能水平，通过经验总结提高技术熟练程度，或通过创造或创新促进技术进步，提高生产效率和能源效率，有利于促进碳排放的下降；且人力资本通过学习外国先进节能技术和管理经验，提高能源效率，有利于抑

① 王星，秦蒙. 不同城镇化质量下碳排放影响因素的实证研究——基于省级面板数据［J］. 兰州大学学报（社会科学版），2015，43（4）：60－66.
② 李秋妍，曹翠. 固定资产投资对二氧化碳排放影响的实证研究——基于省际面板数据模型［J］. 科技管理研究，2014，34（14）：221－225.
③ 谢地，李梓旗. 不同测度方法下城镇化对能源消费的影响研究——基于中介效应模型［J］. 辽宁大学学报（哲学社会科学版），2019，47（4）：22－32.

制碳排放。但也有学者认为，当人力资本水平较低时，人口更集中于劳动密集型产业，生产的产品为能耗型和污染型，促进了碳排放总量的提升；当人力资本水平较高时，更多人口从事清洁性生产产业，消耗的能源相对较低，有利于减少碳排放①。因此，人均碳排放与人力资本水平有关，当人力资本水平处于较低水平时不利于碳减排，当人力资本处于较高水平时促进碳减排。

衡量地区发展水平或者富裕程度的重要指标为该地区的人均收入水平，可用城镇居民人均可支配收入衡量，以 2010 年为基期，对城镇人均可支配收入进行平减处理。EKC 曲线认为，环境污染与收入呈倒"U"型的非线性关系，在拐点的左边时，环境污染与收入呈正相关，当收入达到拐点，人们开始更重视环境质量，环境污染与收入呈负相关。在当前国内国际双循环的背景下，居民消费显著增加，居民消费产生的碳排放也呈显著增长趋势，且在总碳排放中的比例呈上升趋势。大量研究表明，收入水平与居民消费碳排放呈正相关②。

财政支出通过改变地方政府和企业的行为对环境造成影响。为了尽早获得预期收益，地方政府一般选择高效快速的经济发展方式，比如将财政支出投资在基础设施建设等方面，而基础设施建设必然带动高能耗高污染产业的发展，对碳排放的增加具有显著促进作用；但当经济发展达到一定程度，公众对生活质量的需求增高，将会重视环境保护，政府也将会采取相应环保措施以降低环境影响，此时，财政支出更侧重于公共支出等③。因此，财政支出对碳排放的影响取决于财政支出的结构。在新型城镇化建设初期，政府财政支出更侧重于基础设施建设，因此，可预测财政支出水平对碳排放具有正向促进影响。财政支出水平采用地方政府一般预算性财

---

① 余官胜. 贸易开放、人力资本与环境污染——理论及实证检验［J］. 中南财经政法大学学报，2010（5）：38 - 43.
② 马晓微，陈丹妮，兰静可，等. 收入差距与居民消费碳排放关系［J］. 北京理工大学学报（社会科学版），2019，21（6）：1 - 9.
③ 赵哲，谭建立. 中国财政支出对碳排放影响的双重效应分析［J］. 云南财经大学学报，2020，36（5）：24 - 36.

政支出占 GDP 的比重衡量。

3.2.3 数据说明

控制变量的数据全部来源于 2011～2020 年《中国城市统计年鉴》。表 3－2 为样本的基本统计信息和多重共线性检验，包括共计 164 个地级城市 10 年的面板数据。从表 3－2 中可以看出，对面板数据进行缩尾处理后人均碳排放的平均值为 7.7901，标准误为 5.1264，被解释变量变化较为显著。方差膨胀因子结果显示皆在 5 以下，不存在多重共线性。

表 3－2　　　　　　变量描述性统计和多重共线性检验

自变量	描述性统计					多重共线性检验	
	观测值	平均值	标准误	最小值	最大值	VIF	1/VIF
人均碳排放（y）	1607	7.7901	5.1264	1.0618	32.4669	—	—
城镇人口密度（x_1）	1608	6.5057	0.7416	4.2844	7.9939	3.7900	0.2641
固定资产投资（x_2）	1608	4.2662	0.3886	3.0104	5.0327	1.0300	0.9746
土地城镇化水平（x_3）	1609	1.7492	0.9084	-0.4624	3.6611	4.1500	0.2411
人力资本水平（x_4）	1607	1.9163	2.6606	0.0761	26.0326	1.2400	0.8078
人均收入水平（x_5）	1608	10.1725	0.3105	9.4731	10.9905	1.3500	0.7399
财政支出水平（x_6）	1608	1.4727	0.7911	-0.7688	3.5739	1.3300	0.7542

3.3　直接政策效应的实证结果及分析

3.3.1 DID 估计结果

1. 平行趋势假设的初步检验

双重差分法可剔除其他非试点政策因素对因变量的影响，识别试点政策对因变量的政策冲击。在运用双重差分回归之前，要求被解释变量符合平行趋势假设，即实验组和对照组的人均碳排放在政策实施前具有相同的变化趋势，因此，对实验组和对照组的人均碳排放进行平行趋势检验，如图 3 - 1 所示。从图 3 - 1 中可以看出，2010 ~ 2014 年，实验组和对照组的人均碳排放保持相同的变化趋势，而在实施新型城镇化政策后，实验组和对照组人均碳排放的增长趋势出现明显变化，虽然实验组和对照组的人均碳排放皆呈增长趋势，但对照组的人均碳排放增长幅度明显高于实验组。因此，采用 DID 模型来检验新型城镇化政策对人均碳排放的影响，是符合平行趋势假设的前提条件。

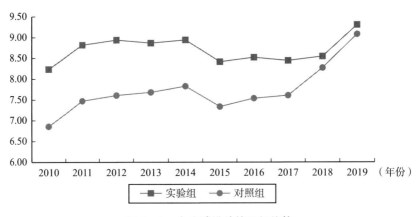

图 3 - 1　人均碳排放的平行趋势

2. 新型城镇化建设对碳排放的基准回归分析

根据式（3.1）对假说 3.1 进行检验。为了避免不同地区之间的差异及时间效应对人均碳排放的影响，本书利用固定效应模型进行 DID 检验，具体结果见表 3 - 3。第（1）列表示模型中仅引入倍差项，得到新型城镇化试点政策对人均碳排放的平均影响效应。结果显示，DID 系数估计值为 -0.5930，且在 1% 水平下显著，说明新型城镇化试点政策显著降低了人均碳排放。第（2）~（7）列是在第（1）列的基础上，依次加入控制变量后的回归结果。结果显示，DID 的估计系数的绝对值虽然有所下降，但下降幅度不大，一直保持在 -0.50 左右，皆在 1% 水平下显著，且对人均碳排放呈负向关系。模型结果说明，新型城镇化建设显著降低了人均碳排放。

表 3-3　　新型城镇化建设对碳排放直接政策效应的基准回归结果

变量	(1)	(2)	(3)	(4)	(5)	(6)	(7)
DID	-0.5930 *** (-5.39)	-0.5985 *** (-5.44)	-0.5859 *** (-5.25)	-0.5934 *** (-5.29)	-0.5024 *** (-4.93)	-0.5321 *** (-5.50)	-0.4904 *** (-5.15)
x_1		-0.1833 (-1.37)	-0.1795 (-1.33)	-0.7472 *** (-3.55)	-0.3897 ** (-2.02)	-0.0149 (-0.08)	0.0177 (0.10)
x_2			-0.2749 *** (-2.65)	-0.2673 ** (-2.56)	-0.2816 *** (-2.97)	-0.3173 *** (-3.52)	-0.3082 *** (-3.48)
x_3				0.5437 *** (3.53)	0.0869 (0.61)	-0.1357 (-1.00)	-0.1209 (-0.90)
x_4					0.7512 *** (18.04)	0.7059 *** (17.65)	0.6897 *** (17.49)
x_5						1.9974 *** (12.50)	1.6274 *** (9.89)
x_6							0.3046 *** (7.42)
常数项	7.4894 *** (12.25)	8.6702 *** (8.18)	9.8042 *** (8.79)	12.5588 *** (9.33)	9.9899 *** (8.05)	-11.6758 *** (-5.57)	-8.5945 *** (-4.09)
R^2	0.0354	0.0367	0.0395	0.0429	0.2061	0.2825	0.3087

注：*、**、***分别表示在 10%、5%、1% 水平上通过显著性检验。

新型城镇化试点政策显著降低了人均碳排放，从理论层面上说，试点政策对传统的城镇化发展模式进行改革，促进产业结构高级化发展、技术进步，形成集聚经济，采用较强的环境规制制度降低了人均碳排放。新型城镇化建设带动了人口向城镇转移，基础设施建设增多等，但新型城镇化建设降低的碳排放显著大于新型城镇化建设产生的碳排放；在政策层面上，新型城镇化建设是国家战略，是促进城镇高质量发展、实现生态低碳城市的重要政策。上述回归结果也验证了新型城镇化试点政策在极大程度上抑制了碳排放，为后期试点的开展和全面推行提供了理论支撑。

在模型（4）和模型（5）中城镇人口密度（x_1）对人均碳排放具有负向影响，说明城镇人口密度的空间分布对人均碳排放的影响的制动作用大于驱动作用，人口集聚带动的溢出效应、技术进步和规模效应等对碳排放的抑制效应较为显著。固定资产投资（x_2）在模型（3）~（7）中系数皆为负，且皆在5%和1%的水平上显著，说明固定资产投资产生的经济效益较为显著，经济增长带动的溢出效应和技术效应促进了碳减排。土地城镇化水平（x_3）仅在模型（4）中显著为正，促进了碳排放，众多研究表明，土地城镇化水平快于人口城镇化水平，存在土地资源浪费现象，因此，应合理规划建成区面积，建设"以人为本"的新型城镇化。人力资本水平（x_4）在模型中显著促进了人均碳排放，而根据前文分析，当人力资本水平较低时，其与碳排放呈正向相关关系，当人力资本水平较高时，其与碳排放呈负向相关关系，也从侧面反映了我国当前人力资本水平偏低，符合当前的国情。人均收入水平（x_5）极大程度上促进了人均碳排放，人均收入水平越高意味着经济发展水平越高，对居民消费影响越显著，随着收入水平的提升，居民消费导致的人均碳排放显著增加。财政支出水平（x_6）对人均碳排放也具有正向促进作用，说明当前的财政支出主要用于经济性基础设施支出，需要消费大量化石能源。该结论在后文可再次得到证明。

3. 平行趋势的进一步检验及动态效应检验

政策实施会随时间产生或强或弱的影响，因此需要关注政策随时间变动的变化趋势，动态效应模型可有效解决上述问题。动态效应模型是将政策发生时点前置或后置，设置政策虚拟变量，探究时点政策对因变量的动态变化，具体模型如下①。

$$Y_{it} = \alpha_0 + \sum_{t=2010}^{2019} \alpha_t treat \times T_t + \mu_j + \varepsilon_{it} \qquad (3.3)$$

式中，以首批新型城镇化试点城市名单发布的 2015 年作为基准年，α_t 表示倍差项的估计系数。T_t 为时间虚拟变量，$treat$ 为政策虚拟变量，例如 $T_{2014} = -1$，$T_{2013} = -2$，$T_{2015} = 0$，$T_{2016} = 1$，其他变量与式（3.1）一致。

图 3 - 1 表明人均碳排放在政策实施前满足平行趋势假设，但为了结论的稳健性，还需要进行动态效应检验，即通过改变政策发生时点，运用动态效应模型回归得到倍差项的估计系数，具体结果见图 3 - 2，显示了平行趋势检验和动态效应的估计结果。从图 3 - 2 中可以看出，估计系数在政策实施前的确在 0 附近波动，且未通过显著性检验；在 2015 年，政策估计系数为负且显著，并呈逐渐增强趋势。这说明实验组和对照组的确是可以进行比较的，且随着新型城镇化政策的实施，政策对人均碳排放的减排作用呈加强趋势，进一步证明新型城镇化试点政策的实施有利于低碳城市建设。

图 3 - 2　动态效应模型估计结果

① 周迪，刘奕淳. 中国碳交易试点政策对城市碳排放绩效的影响及机制［J］. 中国环境科学，2020，40（1）：453 - 464.

3.3.2 基于 PSM – DID 方法的估计结果

在研究新型城镇化建设对碳排放的直接政策效应的影响时，由于存在遗漏变量，或新型城镇化建设与碳排放之间存在双向因果等，从而产生内生性问题。本书采用倾向得分匹配的双重差分模型（PSM – DID）进行进一步回归，以解决选择带来的偏误问题。

1. 倾向得分匹配法

若新型城镇化建设为外生变量，可以直接运用最小二乘法模型、固定效应模型等进行回归，但若其不满足随机抽样，使用这种处理方法会产生数据缺失问题，由于处理组和对照组的地级市因自然条件、资源禀赋以及经济发展水平等初始条件并不相同，所以会存在选择偏差。解决的办法就是对比同一个地级市、同一时间段实行新型城镇化试点政策和未实行新型城镇化试点政策时的人均碳排放情况，而在同一个时间段只能选择实行或不实行试点政策，如果该地级市选择实行试点政策，则非试点地区的因变量可能存在数据缺失。基于上述考虑，利用 PSM 来估计新型城镇化建设对碳排放的影响。PSM 通过提高实验数据的随机性，可有效解决观测数据造成的偏差。PSM 本质是计算个体进入实验组的概率问题，并用倾向得分 $P(X)$ 来代替，其公式如下①。

$$PS_i = P(X_i) = P_i(D_i | X_i) = \frac{\exp(\beta X_i)}{1 + \exp(\beta X_i)} \tag{3.4}$$

式中，PS_i 为研究样本的倾向匹配得分值；X_i 是特征变量；D_i 为虚拟变量，用来表示该地级市是否实施了新型城镇化试点政策，若是则试点地区为 1，非试点地区则为 0；$\exp(\beta X_i)/1 + \exp(\beta X_i)$ 为累计分布函数。最后，计算总体研究样本的平均处理效应（ATE），新型城镇化试点地区的

---

① 周应恒，杨宗之. 互联网使用促进了农村居民消费吗？——基于江西省 739 个农户的调查［J］. 经济地理，2021，41（10）：224 – 232.

平均处理效应（ATT）和未实施新型城镇化试点地区的平均处理效应
（ATU），具体公式如下[155]。

$$ATT = E(Y_{it}^1 - Y_{it}^0 \mid D_i = 1, X = x)$$
$$ATU = E(Y_{it}^1 - Y_{it}^0 \mid D_i = 0, X = x) \qquad (3.5)$$
$$ATE = E(Y_{it}^1 - Y_{it}^0 \mid X = x)$$

式中，Y_{it}^1表示实施新型城镇化试点政策的第 i 个地级市第 t 年的人均
碳排放，Y_{it}^0表示未实施新型城镇化试点政策的第 i 个地级市第 t 年的人均
碳排放。在本书中，ATT 表示随机抽取某个实施新型城镇化试点政策的地
区特征变量 X 对人均碳排放影响的均值；ATU 表示随机抽取某个未实施
新型城镇化试点政策的地区特征变量 X 对人均碳排放影响的均值；ATE 表
示从总样本中随机抽取个体对人均碳排放影响的均值。

2. 倾向匹配得分的共同支撑检验和平衡性检验

由于各样本城市在经济、环境等方面差距显著，因此实验组和对照组
可能无法满足 DID 模型所需要的共同趋势假设，即假设新型城镇化试点政
策不存在，那么试点地区和非试点地区的人均碳排放随着时间推移产生的
变化可能差异不大。因此为确保估计结果是基于可比个体，采用 PSM 方
法对实验组和对照组中概率相近的两个地级市进行匹配，可解决平行趋势
检验问题。城市人口密度（x_1）、固定资产投资（x_2）、土地城镇化水平
（x_3）、人力资本水平（x_4）、人均收入水平（x_5）、财政支出水平（x_6）共
6 个指标为相应的可观测变量。基于上述指标，运用 PSM 进行平衡性检
验，结果显示，有 1 603 个样本在共同取值范围内，其中实验组和对照组
的样本数各为 556 和 1 047，实验组和对照组未配对成功的样本个数分别
为 34 和 4，样本损失量较少，因此满足平行趋势假设。

为了验证 PSM 方法的适用性，需要对实验组和对照组的控制变量进
行匹配，即平衡性检验，若变化不显著，则检验通过，表明 PSM 方法具
有适用性，表 3 -4 证明了该结论。其次，还需要根据实验组和对照组的

概率密度分布图来分析匹配的效果如何，具体结果见图 3 - 3。从图 3 - 3 可以看出，与匹配前相比，两个样本下的概率密度分布差距皆缩小，说明匹配效果较好，上述结论表明 PSM 模型具有适用性。

表 3 - 4　　　　　　　　倾向得分匹配前后各变量的平衡性检验

变量	匹配	实验组均值	对照组均值	标准偏差	t 值	P 值
x_1	匹配前	6.6681	6.4024	35.00	6.66	0.000 ***
	匹配后	6.6285	6.6272	0.20	0.03	0.977
x_2	匹配前	4.2834	4.2497	8.00	1.57	0.117
	匹配后	4.3052	4.3246	-4.60	-0.81	0.419
x_3	匹配前	1.9911	1.6113	40.90	7.92	0.000 ***
	匹配后	1.9369	1.9154	2.30	0.40	0.691
x_4	匹配前	3.2878	1.5389	41.90	9.14	0.000 ***
	匹配后	2.1271	2.1704	-1.00	-0.30	0.765
x_5	匹配前	10.275	10.118	48.40	9.52	0.000 ***
	匹配后	10.253	10.241	3.70	0.63	0.528
x_6	匹配前	1.6637	1.3636	37.30	6.95	0.000 ***
	匹配后	1.6331	1.6279	0.70	0.11	0.913

注：*、**、*** 分别表示在 10%、5%、1% 的水平上通过显著性检验。

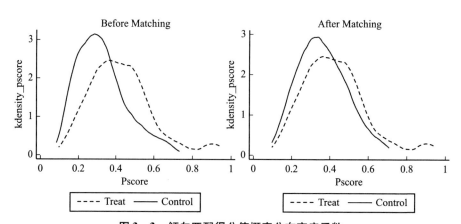

图 3 - 3　倾向匹配得分值概率分布密度函数

3. 平均处理效应的估计

本书运用 PSM – DID 法验证新型城镇化建设抑制碳排放效果的稳健性，具体结果见表 3 – 5。首先，对数据进行一对一随机匹配，结果显示，ATT 的估计值均通过显著性水平检验，但由于一对一匹配标准误未考虑倾向得分为预估值，再进行一对四匹配，两种匹配方法下的结果表明，ATT 的估计值差异不大，均在 10% 水平上显著。接下来，分别运用了多种匹配方法进行稳健性检验，结果显示，在不同匹配方法下，ATT 的回归系数皆显著为负，说明实施新型城镇化试点政策有利于碳减排，在经济意义和统计意义上均显著。

同时，从表 3 – 5 中可以看出，ATU 的系数值均在 5% 的水平上显著，ATE 的系数值在 10% 或 5% 的水平上显著，且系数皆为负。以一对一近邻匹配为例，ATT 的系数值为 – 0.5589，表明实施新型城镇化试点政策的地级市比未实施新型城镇化试点政策的地级市降低 55.89% 的人均碳排放。ATU > ATT，表明在控制其他变量不变的情况下，未推行新型城镇化试点地区的地级市如果实施该政策，会比当前实施新型城镇化建设的地级市降低更大幅度的人均碳排放。上述分析初步表明，新型城镇化试点政策有利于助推碳减排，可采用 PSM – DID 进行实证检验。

表 3 – 5　　　　　　　不同匹配方法下平均处理效应估计结果

匹配方法	ATT（实验组平均处理效应）		ATU（对照组平均处理效应）		ATE（总处理效应）	
	系数值	t 值	系数值	t 值	系数值	t 值
K 近邻匹配（1∶1）	– 0.5589*	– 1.75	– 0.6817**	– 1.91	– 0.5697*	– 1.81
K 近邻匹配（1∶4）	– 0.5295*	– 1.89	– 0.6829**	– 2.21	– 0.5603**	– 2.01
核匹配	– 0.3842*	– 1.66	– 0.5300**	– 2.31	– 0.3954*	– 1.68
卡尺匹配	– 0.3678*	– 1.65	– 0.5223**	– 1.99	– 0.3994*	– 1.69
马氏匹配	– 0.5295*	– 1.92	– 0.6829**	– 2.30	– 0.5603**	– 2.13

注：*、**、*** 分别表示在 10%、5%、1% 的水平上通过显著性检验。

4. 基于 PSM‑DID 的回归分析

PSM 适用于可测变量选择，不适用于不可测变量选择，而 PSM‑DID 可用于分析不同区域实验组和对照组的观测值，其回归结果更为可靠，具体见表 3‑6。在利用 PSM‑DID 缓解内生性问题后，新型城镇化建设显著降低了碳排放，平均减少了 0.3140 的人均碳排放，与前文基准回归得到的结论一致，回归系数差距较少。从控制变量的回归系数的方向和显著性水平比较，DID 回归结果与 PSM‑DID 回归结果差距不大，说明本书可采用 PSM‑DID 验证新型城镇化建设的碳减排效果。但 PSM 只能减缓内生性问题，还需要采用工具变量法、二阶段最小二乘法（2SLS）、广义矩估计（GMM）等进行进一步的内生性检验。

表 3‑6　　　　　　　　PSM‑DID 回归结果与平衡性检验

变量	PSM‑DID 回归结果		PSM‑DID 中变量平衡检验			
	回归系数	T 值	对照组均值	实验组均值	差分值	t 值
DID	-0.3140 **	2.52				
x_1	0.2891	1.39	6.66	6.69	0.04	0.75
x_2	-0.8375 ***	-3.31	4.26	4.25	-0.01	0.48
x_3	-0.0343	-0.20	1.90	1.94	0.05	0.72
x_4	0.0800 ***	2.74	2.15	2.09	-0.06	0.36
x_5	1.3976 ***	4.29	10.04	10.06	0.01	0.61
x_6	0.4029 ***	3.06	1.46	1.46	0.00	0.01
C	-10.6164 ***	-5.36				
R^2	0.0945					

注：*、**、***分别表示在 10%、5%、1%的水平上通过显著性检验。

3.3.3 稳健性检验

1. 安慰剂检验

为了剔除个体和时间因素造成的影响，确保本书所得到的研究结论是由新型城镇化建设引起的，需要进行安慰剂检验。一般而言，安慰剂检验主要包括两种：一是改变政策发生时点，此时安慰剂检验的作用与平行趋势检验相同，都是考察政策发生前基准回归中倍差项对被解释变量回归系数的显著性，若不显著则表明结果稳健；二是随机多次抽取实验样本，观测回归系数的显著性或核密度值的分布情况，若政策的回归系数不显著，或核密度值集中分布在0附近，则表明通过检验，该方法更为常用。前者适用于长样本数据，后者则对样本时间区间要求较为宽松。因此，本书采用石大千等的随机抽样分组的方法进行安慰剂检验[①]。具体做法是：从研究对象的总体样本中随机抽取59个样本作为实验组，并假设抽取到的样本皆为新型城镇化试点地区，未抽取到的样本则为对照组，进行200次"伪政策回归"，具体结果见图3-4。

图3-4显示了200个"伪政策回归"的估计结果，其中X轴为"伪政策虚拟变量"对人均碳排放的回归系数，Y轴为p值大小，圆点为估计系数对应的p值，从图3-4中可以看出，p值绝大多数介于[0.5,1.0]之间，未通过显著性水平检验，曲线为估计系数的核密度分布，取值范围集中在[-0.2,0.2]之间，估计系数值较小，在零点附近，这表明估计结果不太可能是偶然得到的，因而不太可能受到其他政策因素或遗漏变量的影响，也就是说，基准回归得到的估计结果不是由未观察到的政策因素或不可观测因素驱动的。

---

① 石大千，丁海，卫平，等. 智慧城市建设能否降低环境污染 [J]. 中国工业经济，2018 (6)：117-135.

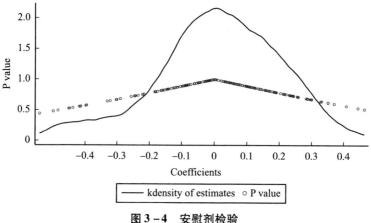

图 3 – 4   安慰剂检验

2. 改变时间宽窗检验

通过实证结果可看出新型城镇化建设总体上对碳排放具有直接的减排作用，为了检验结果的稳健性，确保研究的时间段具有随机性，可改变样本的时间宽窗。首批新型城镇化试点名单公布于 2014 年 12 月，2015 年是试点城市开展最密集的年份，因此，本书假设 2015 年为时间节点，分别选择 2 年、3 年、4 年为宽窗，所对应的研究时间段可分别确定为 2013 ~ 2019 年、2012 ~ 2018 年、2011 ~ 2017 年对前文结果进行稳健性检验，具体回归结果见表 3 – 7。从表 3 – 7 中可以看出，在研究时间段分别设定为 2013 ~ 2019 年、2012 ~ 2018 年、2011 ~ 2017 年三个研究段，DID 的回归系数皆显著为负，且在 1% 水平上显著，但拟合优度值（R^2）呈下降趋势，且在 2011 ~ 2017 年时间段，回归系数绝对值最小；在 2013 ~ 2019 年时间段，回归系数绝对值最大，再次证明了新型城镇化建设有利于碳减排，且随着政策的推行，新型城镇化建设的碳减排效果呈增强趋势。

表 3-7　　　　　　　　　　改变时间宽窗后的回归结果

变量	2013~2019 年		2012~2018 年		2011~2017 年	
	回归系数	T 值	回归系数	T 值	回归系数	T 值
DID	-0.3835 ***	-4.31	-0.3700 ***	-3.12	-0.2641 ***	-4.31
x_1	-0.1462	-0.62	0.1951	0.98	0.2818	0.98
x_2	-0.3103 ***	-2.88	-0.0570	-0.61	0.0161	-0.61
x_3	0.1198	0.67	-0.1529	-1.06	-0.2093	-1.06
x_4	0.7550 ***	15.49	0.5939 ***	13.44	0.4429 ***	13.44
x_5	2.2984 ***	8.14	1.7394 ***	7.22	0.9226 ***	7.22
x_6	0.2626 ***	6.08	-0.0784	-0.82	-0.0026	-0.82
C	-14.7732 ***	-4.47	-11.2832 ***	-4.02	-3.7358 ***	-4.02
R^2	0.3342		0.2069		0.1518	

注：*、**、*** 分别表示在 10%、5%、1% 的水平上通过显著性检验。

3. 改变变量检验

为防止因指标选取差异而导致研究结果不稳健，采用改变因变量、增加控制变量等方法进行稳健性检验，如果政策变量的回归系数仍显著为负，说明基准回归结论较为稳健。具体做法分为两种：第一种，替换被解释变量，其余变量保持不变，将人均碳排放替换为碳排放强度；第二种，添加控制变量，由于各个地区可能因经济发展差异、拥有的资源禀赋差异等存在某些遗漏变量问题，因此，本书可通过增加更多的控制变量来降低选择性偏误。增加的控制变量分别有市场化程度（x_7）、工业发展水平（x_8）、金融发展水平（x_9），具体回归结果见表 3-8。从表 3-8 中可以看出，无论是改变被解释变量还是增加控制变量，运用 DID 对两种模型进行回归，结果表明，在两种模型中 DID 回归系数均为负，皆在 1% 的水平下显著，尤其在增加控制变量模型中，试点政策的回归系数基本没发生变化，该检验表明基准回归结论较为稳健。

表 3 - 8   改变变量后的回归结果

变量	改变被解释变量			增加控制变量		
	回归系数	T 值	P 值	回归系数	T 值	P 值
DID	-0.1738 ***	-4.76	0.00	-0.4884 ***	-5.11	0.00
x_1	-0.1349 **	-2.06	0.04	0.0405	0.22	0.82
x_2	-0.1858 ***	-5.53	0.00	-0.2893 ***	-3.25	0.00
x_3	0.0072	0.15	0.88	-0.2447 *	-1.79	0.07
x_4	-0.0241 **	-1.97	0.05	0.7076 ***	17.98	0.00
x_5	-0.9841 ***	-15.77	0.00	1.5891 ***	9.55	0.00
x_6	0.0461 ***	2.95	0.00	0.3342 ***	7.63	0.00
x_7				-0.1663	-1.45	0.15
x_8				0.6944 **	2.47	0.01
x_9				0.0006 ***	4.73	0.00
C	13.4222 ***	17.56	0.00	-10.8366 ***	-4.30	0.00
R^2	0.3808			0.3210		

注：*、**、*** 分别表示在 10%、5%、1% 的水平上通过显著性检验。

4. 剔除其他试点政策的干扰检验

在"双碳"目标背景下，国家出台了多种环境规制政策用于碳减排。本书主要选取两种环境政策进行分析：第一种为低碳试点城市，分别于 2010 年和 2012 年开展，目的是促进碳减排，低碳城市试点政策必然对碳排放产生负向影响，且相关研究也证明了该结论[①]，本书剔除 2010 年实施低碳试点城市名单，保留 2012 年试点城市名单，并将其归为实验组，未实施名单作为对照组，但第二批低碳城市试点名单在 2012 年 12 月颁布，因此，将 2013 年作为低碳政策实施时间节点；第二种是碳排放权交易试点，该政策于 2013 年执行，相关研究发现，碳排放权交易试点政策对碳

---

① 佘硕，王巧，张阿城. 技术创新、产业结构与城市绿色全要素生产率——基于国家低碳城市试点的影响渠道检验 [J]. 经济与管理研究，2020，41（8）：44 - 61.

排放也具有显著减排效果①，但该交易政策以省级为单位实施，本书的研究对象为地市级尺度，故忽略碳交易机制的影响，为准确识别新型城镇化建设对碳排放的影响效应，仅剔除低碳城市试点政策的干扰。借鉴曹清峰的研究②，在式（3.1）的基础上，构建公式如下。

$$Y_{it} = \beta_0 + \beta_1 DID + \beta_2 DID_1 + \sum \gamma_j Controls_{it} + u_i + \varepsilon_{it} \quad (3.6)$$

其中，DID_1 为低碳试点城市虚拟变量矩阵，若城市 i 在 t 年为实施低碳试点地区，则 $DID_1 = 1$，否则 $DID_1 = 0$；控制变量同式（3.1）。若 DID 系数绝对值大于 DID_1，则表明新型城镇化建设对碳减排的促进作用较为显著，回归结果见表 3 – 9。

表 3 – 9 剔除试点政策的回归结果

变量	模型（1）		模型（2）	
	回归系数	T 值	回归系数	T 值
DID	– 0.5518 ***	– 5.00	– 0.6727 ***	– 7.54
DID_1	– 0.4873 **	– 2.28	– 0.3249 *	– 1.76
C			– 3.4404 *	– 1.86
控制变量	NO		YES	
R^2	0.0541		0.2966	

注：* 、** 、*** 分别表示在 10%、5%、1% 的水平上通过显著性检验。

从表 3 – 9 可以看出，在模型（1）中，虽然低碳城市试点政策对碳排放具有较为显著的减排作用，但新型城镇化试点政策对碳减排的作用效果更为显著；在模型（1）中增加控制变量，回归结果见模型（2），从模型（2）中可以看出，增加控制变量后，新型城镇化建设对碳减排的作用效果增大，低碳试点政策的作用效果有所减弱，说明新型城镇化建设对碳减排

---

① 李胜兰，林沛娜. 我国碳排放权交易政策完善与促进地区污染减排效应研究——基于省级面板数据的双重差分分析 [J]. 中山大学学报（社会科学版），2020，60（5）：182 – 194.

② 曹清峰. 国家级新区对区域经济增长的带动效应——基于 70 大中城市的经验证据 [J]. 中国工业经济，2020（7）：43 – 60.

的作用效果受到环境规制和其他变量的影响,有必要进行新型城镇化建设对碳排放的作用机制受到环境规制影响的进一步分析。

3.3.4 内生性检验

本书采用固定效应模型评估了新型城镇化建设对人均碳排放的影响,证明其具有较强的碳减排效果,然后采用 PSM - DID 进一步检验了新型城镇化试点政策的碳减排效果,PSM 方法可缓解遗漏变量问题,但在新型城镇化建设对碳排放的回归中,新型城镇化建设可能忽略某些因素导致内生性问题,本书将采取以下两种途径解决内生性问题。

第一,试点城市的选取可能出于各种综合因素的考量,非随机选取。如国家在战略规划上更倾向于选择经济发展水平相对较为发达、生态资源环境较为优越、有带头示范作用的区域中心城市,实施新型城镇化试点政策,在这些地区的政府对碳排放控制较为严格,排污强度较低,可能产生反向因果[①]。故可删除省级或副省级城市,仅对一般地级城市的样本数据进行回归分析,若 DID 的回归结果仍显著为负,说明新型城镇化试点政策对外围城市仍然有着较为显著的碳减排效果。

第二,忽略了某些直接影响新型城镇化建设的因素,这些因素又不直接影响碳排放,从而导致内生性问题。可通过选取工具变量的方法解决该内生问题,运用工具变量法对模型(3.1)进行回归估计。选取的工具变量要具有相关性和外生性。在相关性方面,选取的指标要与新型城镇化建设有关;在外生性方面,互联网普及率不直接影响碳排放。本书选取的工具变量指标为互联网普及率,一般而言,互联网普及水平越高,说明该城市信息基础设施越完善,信息流动水平越高,与外界交流越为发达,有利于该地区新型城镇化的建设,但互联网普及率没有直接影响碳排放。同

---

① 范小敏,徐盈之. 交通基础设施建设是否具有减排效应——来自中国高铁开通的证据[J]. 山西财经大学学报,2020,42(8):56-70.

时，考虑到前期的碳排放会对本期产生一定影响，可构造动态面板模型（GMM）进行回归分析。

本书以互联网普及率作为内生解释变量，运用 2SLS 进行回归，F 检验拒绝原假设，且 Shea's partial R^2 的值为 0.5089，处于较高水平，因此可认为存在强工具变量。在 GMM 模型中，根据 AR 检验，可确定人均碳排放存在一阶和二阶滞后项，不存在三阶滞后项，sargon 检验拒绝原假设，确定滞后项可作为工具变量，可运用 GMM 模型对面板数据进行回归。外围城市表示去掉区域中心城市回归后的结果；2SLS 表示以互联网为工具变量，运用 2SLS 回归的结果；SysGMM 表示运用系统 GMM 回归的结果；以上三种模型的回归结果见表 3 - 10。

表 3 - 10 内生性问题处理结果

变量	外围城市		2SLS 回归		SysGMM 回归	
	回归系数	T 值	回归系数	T 值	回归系数	T 值
$y(-1)$					0.4725 **	2.32
$y(-2)$					-0.1067 **	-2.00
DID	-0.4562 ***	-4.53	-1.6494 ***	-3.20	-0.7660 ***	-9.54
x_1	0.3708 **	1.99	-4.4178 ***	-12.65	0.4390	0.92
x_2	-0.2965 ***	-3.30	-3.5807 ***	-8.90	-0.4731 **	-2.40
x_3	-0.3420 **	-2.51	3.6116 ***	13.15	-0.1874	-0.69
x_4	0.7944 ***	10.34	0.4463 ***	12.16	0.3854 ***	3.31
x_5	1.8253 ***	10.84	2.3838 ***	4.53	1.5206 ***	2.63
x_6	0.2697 ***	6.62	0.5098 ***	2.95	0.2556 ***	4.66
C	-12.4163 ***	-5.80	20.0578 ***	3.65	-11.9406 *	-1.81
R^2	0.2626					

注：*、**、*** 分别表示在 10%、5%、1% 的水平上通过显著性检验。

从表 3 - 10 可以看出，外围城市模型中，新型城镇化建设对碳排放的减排作用较基准回归有所下降，但仍存在显著的负向影响，反映出新型城镇化试点城市的确定并不是随机事件；在 2SLS 模型中，DID 的回归系数仍在 1% 水平下显著，但较基准回归，系数的绝对值反而呈上升趋势，可能原因是，互联网普及率提高了信息的可达性和便捷性，互联网经济的快速发展，一方面提高了企业和社会的管理效率，促进资源优化和要素配置，促进产业的转型升级；另一方面，互联网经济的知识溢出效应和带动的经济集聚效应产生的规模效益有助于提高能源利用效率，降低碳排放。外围城市模型证实新型城镇化试点城市更倾向于选择经济发展基础较好、生态环境良好的地区，这些地区也恰恰是环境管制较为严厉，碳排放强度较低的地区，当在这些地区实施试点政策时，实质上由新型城镇化建设导致的碳减排效果无法识别，低估了新型城镇化建设的碳减排效果。而在运用工具变量克服内生性问题后，新型城镇化建设对碳排放的估计系数较基准回归更大，也验证了该观点。在 SysGMM 模型中，DID 回归系数的绝对值较基准回归也有较大幅度增长，再次验证了 2SLS 模型的结论，而被解释变量的一阶滞后项的系数显著为正，表明上一期的人均碳排放不利于本期人均碳排放的降低。三种模型的回归结果均再次证明，新型城镇化建设具有显著的碳减排效果，该结论具有较强的稳健性。

3.4　异质性视角下直接政策效应分析

在新型城镇化建设中，大量农村人口向城镇转移，伴随着就业结构的转型和收入水平的提高，扩大城镇消费群体，提升消费潜力，人口的增加导致对基础设施建设和公共服务的需求增多，收入的增长提高了这两个指标的标准，带动这些项目投资的增加，促进了经济发展，虽然在此过程中需要消费大量能源，产生较多的碳排放，但人口集聚形成的规模效应有利于降低人均碳排放。城镇人口的增加和收入水平的提高，将增加生产性服务业的需求，有利于扩大第三产业的生产规模，促进产业发展，实现三产的结构升级，有利于降低碳排放。区域人力资本水平的提升形成人才集聚，有利于创新要素集聚，促进知识和技术溢出，优化产业结构升级，带动清洁技术的进步和清洁产业的发展，这些产业的规模扩张有利于降低碳排放。我国东部沿海是最早一批进行对外开放的地区，并且已形成了一批经济发达、具有竞争优势的城市群，包括京津冀、长三角和珠三角等，这些城市群极大程度上促进了区域经济发展，为国民经济贡献了巨大力量。同时中西部地区近年来也取得显著进步，且人口城镇化水平有所提升，但与东部相比还有较大差距。因此，本书做出如下假设：新型城镇化建设的碳减排效应，是人口、经济、人才和地理位置多个角度共同作用的结果。因此，从这些角度进行直接政策效应的异质性分析。

3.4.1 不同城市人口规模下直接政策效应分析

城市规模是根据城市人口数量来区分的，城市规模的大小可以在一定程度上衡量城镇化过程中的规模效应。人口城镇化和土地城镇化的增长有利于促进经济规模发展，而生产和消费水平的提高则有利于提高城市的发展质量。人口集聚有利于扩大市场规模，形成技术、知识等的溢出效应，积极促进经济增长，为工业企业专业化生产提供了人力和人才支撑，提高生产效率，城市规模的扩大吸引企业经济集聚，规模效应日益显著，有利于企业生产成本的下降，提高企业竞争力。

城市人口规模高的地区有利于能源集中利用，通过知识溢出和技术创新提高能源利用效率，降低人均碳排放。在人口集聚程度较低的城镇实施新型城镇化试点政策，政府会实施较为严格的环境管制政策，但同时也会加大基础设施建设，使当地规模效应和技术溢出效应不显著，故当前的碳减排效果可能不显著。

基于此，为了检验新型城镇化试点政策对人均碳排放的直接政策效应，在不同城市人口规模下是否存在差异，根据2014年国务院印发的划分标准文件，将城市人口规模划分为四个等级。但由于本书的研究样本中，位于特大城市的样本数量偏少，将其并入大城市，据此分为小城市、中等城市和大城市三类（见附录表A1），对三种分类样本下，试点政策与碳排放的关系进行回归，结果见表3-11。从表3-11中可以看出，人口集聚程度最高的大城市，新型城镇化建设的碳减排效果最为显著；人口集聚程度低的小城市，新型城镇化建设的碳减排效果不显著；在人口集聚程度处于中间的中等城市，新型城镇化建设也可以降低碳排放。这表明，新型城镇化政策虽然总体上可以降低碳排放，但这种效果主要集中在大中城市，对小城市的碳减排效果不显著。

表3-11　　　　　　　不同城市人口规模下直接政策效应的回归结果

变量	小城市		中等城市		大城市	
	估计系数	T值	估计系数	T值	估计系数	T值
DID	-0.1297	-0.23	-0.5305 ***	-3.33	-0.7013 ***	-7.28
x_1	-0.2974	-0.41	-0.5198 *	-1.85	0.2235	0.85
x_2	-0.2682	-0.59	-0.3127 **	-2.95	-0.2048 *	-1.71
x_3	0.4552	0.58	0.3700 *	1.87	-0.6390 ***	-4.10
x_4	0.7711 ***	2.81	1.4488 ***	13.87	0.6111 ***	15.08
x_5	4.0418 ***	4.86	0.3678 **	2.37	0.9418 ***	5.67
x_6	0.2208	1.51	0.3389 ***	6.86	0.2502 ***	3.97
C	-27.5537 ***	-2.88	5.7778 **	2.25	-3.2884	-1.32
R^2	0.2921		0.4272		0.3275	

注：*、**、***分别表示在10%、5%、1%的水平上通过显著性检验。

3.4.2　不同区域下直接政策效应分析

我国幅员辽阔，经济发展、经济治理政策、环境治理政策等都存在较大差距。东部沿海是最早一批进行对外开放的地区，并且已形成了一批经济发达，具有竞争优势的城市群。且东部地区经济发达，基础设施较为完善，公共服务水平较高，吸引了中西部地区大量人口向城镇转移，随着东部新兴产业的发展，众多人才到东部集聚，经济规模效应显著，知识和技术等外部性溢出效应显现，创新能力较强，且产业结构主要以第三产业为主，产业结构优化升级。中部与东部接壤，地理位置较好，多平原，少山地，有利于交通基础设施的完善，市场空间辐射全国，有利于承接东部产业转移，形成辐射全国的产业链。中部地区人口优势显著，易形成人口集聚，在一定程度上有利于碳减排。西部地区多丘陵山地，交通运输不便利，经济基础较为薄弱，随着新型城镇化试点政策的推行，逐步完善基础设施网络，加大对内对外开放力度，承接劳动密集型产业，且当前中国能源主要以化石能源为主，因此，西部地区新型城镇化建设必然伴随着能源消耗和碳排放，但西部地区生态资源基础良好，政府严控生态环境保护，两者综合作用，可能导致当前西部地区新型城镇化建设的碳减排效果不显著。因此，可以假设东部地区的新型城镇化建设碳减排效果最好，中部次之，西部作用效果不显著。

由于东、中、西部地区的产业结构、人口规模、创新能力、人力资本水平存在较大区别，即使在政策均等的情况下，在不同区域，政策获得的效果也可能存在较大差异。为了检验不同区域新型城镇化建设对碳排放影响的异质性，本书东、中、西部按照国家统计局的标准进行分类。基于不同分类样本采用DID进行回归，结果见表3-12。从表3-12中可以看出，在东部地区试点政策对碳排放的回归系数为-0.9187，在中部地区试点政策对碳排放的回归系数为-0.6291，意味着试点政策在东部和中部地区均具有显著的碳减排效果，但在东部地区作用更为显著；在西部地区，试点政策对碳排放的回归系数为0.1821，未通过显著性水平检验，意味着试点政策在西部地区碳减排效果不显著。这表明东部和中部地区有效利用了新型城镇化政策带来的便利，提高了当地城镇化水平，且重视环境保护，而西部地区发展相对落后，产业基础相对薄弱，人才支撑能力不足，需要制定更加具有针对性和灵活性的政策支持。

表 3 – 12 不同区域下直接政策效应的回归结果

变量	东部地区		中部地区		西部地区	
	估计系数	T 值	估计系数	T 值	估计系数	T 值
DID	– 0.9187***	– 6.93	– 0.6291***	– 6.37	0.1821	0.56
x_1	0.6035**	2.16	– 0.1152	– 0.50	– 0.5914	– 1.06
x_2	– 0.7901***	– 4.48	– 0.1961**	– 2.29	– 0.2868	– 0.97
x_3	– 0.7901***	– 4.71	0.2432	1.30	0.0493	0.11
x_4	0.6792***	12.73	0.9616***	13.59	0.5349***	4.75
x_5	0.9774***	4.14	0.6756***	4.62	1.4380***	4.41
x_6	0.2344**	2.47	0.3782***	8.24	0.1942**	2.14
C	– 1.9021	– 0.63	– 0.5959	– 0.28	– 3.4796	– 0.68
R^2	0.3603		0.4043		0.2662	

注：*、**、*** 分别表示在 10%、5%、1% 的水平上通过显著性检验。

3.4.3 不同城市经济规模下直接政策效应分析

根据文献总结，经济发展通过规模效应、结构效应和技术效应影响碳排放①。在经济发展的初期，由于消费所需的物资较为缺乏，在市场机制作用下，优先生产物质，满足人民日常生活需求，随着经济规模的进一步扩大，经济发展以消耗资源、能源为代价，由此产生较多的碳排放。经济进一步发展到相对发达程度，公众对生活质量的需求提高，开始重视环境保护，政府加强环境管制，有利于降低碳排放②。当产业结构以第二产业为主导时，由于工业需要消耗大量能源，对环境造成极大影响，但工业的发展可带动居民收入水平的提高，拉动生活型服务业、环境友好型产业发展，促使产业由能源密集型向知识技术型转化，产业结构优化升级，环境质量得到改善。技术效应是指经济发展使人们意识到创新和技术的重要

① Panayotou T. Demystifying the environmental Kuznets curve: Turning a black box into a policy tool [J]. *Environment & Development Economics*, 1997, 2 (4): 465 – 484.

② 朱东波，任力，刘玉. 中国金融包容性发展、经济增长与碳排放 [J]. 中国人口·资源与环境，2018，28 (2): 66 – 76.

性，重视节能清洁技术研发，有利于提高能源效率，降低碳排放①。当经济发展处于高水平时，拥有更多资金用于创新投入，也可高薪聘请人才用于科研研发，因此，经济发展水平较高时，新型城镇化建设的碳减排效果更佳。在经济发展水平较低时，对资源的消耗偏少，在环境规制政策下，重视生态环境保护可能有利于降低碳排放。

城市经济规模用 GDP 衡量，按照 GDP 平均值的大小，将样本城市划分为高经济规模、中等经济规模和低经济规模三类（见附录表 A2），并基于式（3.1）运用双重差分法进行回归分析，结果见表 3－13。从表 3－13 中可以看出，新型城镇化建设的碳减排效果在高经济规模区域最为显著，在低经济规模区域也显著，但在中等经济规模区域不显著。可能的原因是经济发展水平处于中等程度时，初期的经济发展产生的碳排放问题尚未解决，而新型城镇化试点政策的实施，提升了当地的环境规制水平，有利于优化地区产业结构，提高节能减排技术，该政策具有一定的碳减排效果，但同时需要基础设施的大量建设，消费能源产生大量碳排放，各种综合因素导致作用不明显。中国经济发展水平低的地区的自然资源环境一般较为良好，生态基础良好，随着生态文明城市的推行，环境保护更加得到重视，且在该地区人均碳排放也处于较低水平，试点政策实施伴随着严格的环境规制有利于降低碳排放。这表明对于经济发展处于中等水平的区域而言，发展任务较为艰巨，承接东部产业转移发展经济的同时，也应重视环境保护，加大环境管制力度。

表 3－13　　　　　　　不同城市经济规模下的直接政策效应回归结果

变量	低经济规模		中等经济规模		高经济规模	
	估计系数	T 值	估计系数	T 值	估计系数	T 值
DID	－ 0.7460 ***	－ 3.35	－ 0.1776	－ 1.55	－ 0.8383 ***	－ 6.58
x_1	0.3306	0.70	－ 0.3611 *	－ 1.94	0.3994	1.29

① 余康. 市场化改革、技术进步与地区能源效率——基于 1997—2014 年中国 30 个省份的面板数据模型分析 [J]. 宏观经济研究，2017（11）：79 － 93.

变量	低经济规模		中等经济规模		高经济规模	
	估计系数	T 值	估计系数	T 值	估计系数	T 值
x_2	−0.1713	−1.11	−0.1120	−0.98	−0.6234 ***	−3.67
x_3	−0.2023	−0.61	0.3328 **	2.19	−0.9863 ***	−5.01
x_4	1.2221 ***	8.91	1.4958 ***	11.32	0.6153 ***	13.35
x_5	1.5458 ***	5.93	0.2564 *	1.90	0.8954 ***	3.97
x_6	0.2073 ***	3.00	0.2823 ***	6.26	0.3257 ***	3.25
C	−10.0526 **	−2.35	3.9034 **	2.17	−0.0743	−0.02
R^2	0.3336		0.3961		0.3520	

注：* 、** 、*** 分别表示在10%、5%、1%的水平上通过显著性检验。

3.4.4　不同城市人力资本水平下直接政策效应分析

内生经济增长理论认为，人力资本水平的提升具有知识和技术溢出效应，可提高生产效率和能源效率，并促进清洁生产，有利于抑制碳排放。当人力资本处于较低水平时，大部分劳动力只能从事农业生产或工业生产，不利用产业结构升级，从而对碳排放的下降产生不利影响。随着人力资本水平的提升，企业内部细化专业化分工，人力资本通过提高受教育者技能水平、技术熟练水平以及创新能力加速企业内部专业化分工，以及技术升级改造，有利于提高企业生产效率与清洁生产，降低碳排放。行业的技术水平和利润水平主要取决于人力资本的规模与结构。人力资本处于较高水平，有利于促进行业生产要素流动，降低生产成本，也拉大了技术差距，对工业企业进行优胜劣汰，促进产业结构高级化发展，提高碳排放效率。因此，当人力资本水平较低时，新型城镇化建设主要吸纳低人力资本的劳动力从事高能耗产业，对碳减排造成不利影响；但随着人力资本水平的提升，新型城镇化试点政策对碳减排的促进作用逐渐增强。

按照人力资本平均值的大小，本书将样本城市划分为低人力资本水平、中等人力资本水平和高人力资本水平三类（见附表A3），并基于式（3.1）

运用双重差分法进行回归分析，结果见表 3 - 14。从表 3 - 14 中可以看出，当人力资本处于较低水平时，新型城镇化建设对人均碳排放的作用尽管不显著，但也有着正向影响；当人力资本处于中等水平时，新型城镇化建设有利于降低人均碳排放，随着人力资本水平的进一步提升，新型城镇化建设对碳减排的政策效应越发显著，表明新型城镇化建设可以通过提高人力资本水平，促进人力资本积累降低碳排放。

表 3 - 14　　　不同城市人力资本水平下直接政策效应的回归结果

变量	低人力资本水平		中等人力资本水平		高人力资本水平	
	估计系数	T 值	估计系数	T 值	估计系数	T 值
DID	0.0264	0.16	- 0.3086 **	- 2.21	- 1.1007 ***	- 7.31
x_1	- 0.3652	- 1.30	- 0.0128	- 0.05	1.1096 ***	2.66
x_2	- 0.3122 **	- 2.26	- 0.2116 *	- 1.82	- 0.5906 ***	- 3.03
x_3	0.3181	1.52	- 0.0766	- 0.39	- 1.0744 ***	- 4.07
x_4	0.2962	0.73	0.4669 *	1.93	0.7321 ***	4.13
x_5	0.7688 ***	4.34	1.2850 ***	6.58	0.9448 ***	3.80
x_6	0.2003 ***	3.75	0.2415 ***	4.38	0.6369 ***	5.36
C	- 0.1520	- 0.06	- 4.9695 *	- 1.93	- 5.9636	- 1.52
R^2	0.2182		0.2305		0.4166	

注：* 、** 、*** 分别表示在 10%、5%、1% 的水平上通过显著性检验。

3.5　本 章 小 结

本章在新型城镇化建设对碳排放直接政策影响的理论分析基础上，首先，基于首批新型城镇化试点地区构建准自然实验，利用地级市面板数据，运用 DID 和 PSM - DID 方法，识别了新型城镇化试点政策对人均碳排放的影响；其次，采用安慰剂检验、改变时间宽窗检验、改变变量检验、剔除其他试点政策干扰检验等多种稳健性检验方法验证估计结果的稳健性，并运用剔除中心城市、工具变量法、动态面板模型等方法解决内生性问题；最后，从城市人口规模、城市经济规模、城市所在区域、城市人力资本水平等异质性视角，运用 DID 方法进行直接政策效应的异质性分析，主要得到以下几点结论：

（1）在双重差分法的基准回归中，新型城镇化建设显著促进了碳减排，且该政策效应随着时间的推移呈增强趋势；多种稳健性检验方法和内生性方法进行样本数据回归，均表明结论的稳健性；新型城镇化建设对人均碳排放的敏感程度大于碳排放强度。

（2）新型城镇化建设对人均碳排放的减排效果随着城市人口规模、人力资本水平的提升呈边际递增趋势；新型城镇化建设显著降低了中、东部地区的人均碳排放，且在东部地区减排效果最为显著；新型城镇化建设对小经济规模和大经济规模的城市皆存在显著减排作用，但对中等经济规模的城市作用效果不显著。

第4章 /

新型城镇化建设对碳排放的
中介效应分析

第3章的理论分析和实证结果表明，新型城镇化建设有利于降低碳排放，且该结论具有较强稳健性。那么新型城镇化建设如何影响碳排放呢？其传导机制是什么？新型城镇化建设通过该机制对碳排放产生了何种影响？不同的传导机制是否产生不同的影响？传导机制是否会受到城市人口规模、城市所在地理位置、城市经济规模和城市人力资本等外部因素的影响？厘清上述问题，有利于充分发挥新型城镇化试点的政策效应，针对性采取减排措施，实现新型城镇化建设中的"双碳"目标。而本章认为新型城镇化建设主要通过增加基础设施建设、提高能源利用效率、加强环境管制三条实践路径影响碳排放，并进行机理分析和假说提出，构建修正的中介效应模型对假说进行验证，基于 EKC 模型对中介效应进行进一步分析，采用有调节的中介效应模型进行异质性分析。

4.1 中介效应的机理分析与研究假说

《规划》中明确提出提高环境管制强度，建立严格的环境保护体系。《规划》确定了环境规制在新型城镇化建设对低碳城市发展具有重要作用。

环境规制是指由于外部不经济、公共物品及信息的不对称等因素的存在，导致环境问题单纯依靠市场机制不能解决，由此需要采取一定的措施对资源环境进行监管。碳排放是公共物品，具有外部性，仅通过市场调节机制无法达到减排的目标①。需要政府采取环境措施对环境问题进行控制，环境问题的解决很大部分取决于政府的环境规制效果。新型城镇化建设通过加强环境规制对能源利用产生影响，从而有利于降低碳排放。

《规划》明确提出构建基础设施网络，基础设施建设是新型城镇化建设的重要工程，有利于促进城镇化高质量发展②。习近平总书记也强调基础设施建设有利于推动城乡一体化，助推新型城镇化建设进程，为新型城镇化的健康发展发挥着重要作用。因此，新型城镇化建设离不开基础设施网络的建设和完善，包括交通、住房等，在建设过程中将挤占大量耕地、林地，带动钢铁、水泥、混凝土等高能耗产业的发展，消耗大量能源，将会促进碳排放的显著提升。

新型城镇化建设强调"四化"良性互动，通过空间合理布局，构建城乡、城镇一体化发展，实现城镇高质量发展。新型城镇化的发展目标、方向和本质内涵决定了要秉持科学的发展理念，实现能源集约节约利用。新型城镇化建设本质是在资源约束下，实现城镇化的可持续发展。能源是城镇化发展的动力基础，为城镇化的发展起着重要支撑作用③。在能源的大量消耗中，新型城镇化为了实现低碳城市建设，实现资源集约节约利用，必须提高能源效率。

基于《规划》解读和总结相关文献可以发现，新型城镇化建设对碳排放的影响主要通过三条途径来实现的：（1）新型城镇化建设需要大量基础设施建设，尤其是建筑、交通、通信等的建设，而基础设施建设需要消耗

---

① 任亚运，傅京燕. 碳交易的减排及绿色发展效应研究［J］. 中国人口·资源与环境，2019，29（5）：11-20.
② 钟学思. 城市基础设施发展对新型城镇化建设的影响：动力机制及作用机理［J］. 改革与战略，2018，34（12）：77-82.
③ 王小斌，邵燕斐. 城镇化对能源消费和二氧化碳排放的影响——基于1995—2011年中国省级面板数据的实证研究［J］. 技术经济，2014，33（5）：55-63.

大量能源；（2）新型城镇化建设需要提高能源利用效率，构建低碳城市，减少化石能源消费量，从而降低碳排放①；（3）政府制定了诸多环境管制政策，通过加强环境规制强度，从而减少碳排放②。城镇化过程中人口结构、社会结构、经济结构和空间结构的改变，不仅显著促进基础设施投资，也将大幅度增加对能源消费的需求，产生大量碳排放。随着新型城镇化的建设，居民对生活质量的需求提升，迫使政府采取各种环境规制政策降低碳排放，当前我国工业化水平与发达国家相比还存在较大差距，工业化发展需要加强能源保障，且面临着能源短缺、环境污染等问题，也有必要提高能源利用效率。因此，本书认为新型城镇化建设主要通过提高能源利用效率、增加基础设施建设、加强环境规制等途径影响碳排放。

4.1.1 环境规制中介传导机制的机理分析

城镇化建设由过去盲目追求城市面积扩张，向追求城镇化高质量发展方向转变，在促进经济增长的同时，重视资源、环境、生态协调发展，提高能源利用效率，实现绿色低碳发展。《规划》也明确了新型城镇化建设需加强环境规制，改善生态环境的质量。新型城镇化是高质量的城镇化，重视资源环境，但当前新型城镇化建设处于快速发展阶段，仍需要大量基础设施建设，消耗大量化石能源，产生较多的碳排放。因此，政府有关部门应采取一定的环保约束机制，一般而言，政府通过加强环境规制意图提高环境质量，预期通过环境规制对碳排放具有正向的减排效果③。比如，政府为了减少化石能源的消耗，通过施加碳税、能源税等手段，增加生产者和使用者的生产成本，意图从供应端减少能源供应，对碳排放的增长产

---

① 王蕾，魏后凯．中国城镇化对能源消费影响的实证研究［J］．资源科学，2014，36（6）：1235–1243．

② 陈海波，姜娜娜，刘洁．新型城镇化试点政策对区域生态环境的影响——基于 PSM–DID 的实证检验［J］．城市问题，2020（8）：33–41．

③ 张华，魏晓平．绿色悖论抑或倒逼减排——环境规制对碳排放影响的双重效应［J］．中国人口·资源与环境，2014，24（9）：21–29．

生一定的抑制作用。对于开发清洁能源的企业，政府给予一定的补贴，鼓励开发新能源，减少化石能源所占比例，达到减少碳排放的目的，或通过对企业进行设备更新补贴，鼓励企业引进节能设备、工艺、技术和管理方法，提高能源利用效率，抑制碳排放。但辛恩（Sinn）提出了"绿色悖论"，对"环境规制有利于碳减排"这一观点进行了反驳，他认为在环境规制存在且趋于严格的预期下，供给者可能加大能源开采，在市场上流通的能源总量增加，可能导致能源价格的下跌，能源的需求总量增加，从这个角度看，环境规制的实施对碳排放的增加具有积极作用①。

众多研究表明环境规制对碳排放的影响主要表现为"倒逼效应"和"倒退效应"，当"倒逼效应"优于"倒退效应"时，环境规制有利于降低碳排放，反之，环境规制对碳排放影响不显著或具有促进影响。环境规制的"倒逼效应"认为，环境规制强度的提升增加了企业的生产成本，为了增强市场竞争力，高能耗、高污染的企业预期环境规制在未来将长期存在并呈增强趋势，可能会选择进行生产技术的改进、管理模式革新或治污技术的升级等，这些措施在一定程度有利于提升能源利用效率，对碳排放的增加也具有一定的抑制作用②。环境规制的"倒逼效应"主要通过以下五种途径降低碳排放：（1）波特效应：严格且合理的环境规制尽管增加了企业的生产成本，但也可能迫使工业企业进行创新和研发活动，带动技术进步和清洁生产，这些将会节约更多成本，有利于提高企业生产效率，提升市场竞争力，对碳减排具有一定的促进作用③。（2）产业结构优化：严格且合理的环境规制可优化产业结构，带动新兴产业和第三产业的快速发展，同时高污染高能耗企业出于成本考虑，可能向环境管制较弱的地区转移，本地区清洁生产产业得以发展，推动产业高级化，从而有利于降低碳

①　Sinn H. W. Public policies against global warming：A supply side approach［J］. *International Tax & Public Finance*，2008，15（4）：360 – 394.

②　马海良，董书丽. 不同类型环境规制对碳排放效率的影响［J］. 北京理工大学学报（社会科学版），2020，22（4）：1 – 10.

③　Linde P. Toward a New Conception of the Environment – Competitiveness Relationship［J］. *Journal of Economic Perspectives*，1995，9（4）：97 – 118.

排放[①]。（3）能源结构低碳化：政府通过实施环境管制，一方面鼓励企业实行节能减排技术或治污处理技术的提升，提高能源利用效率，抑制碳排放的增加；另一方面政府鼓励企业开发和使用清洁性能源，降低化石能源消耗，也有利于降低碳排放[②]。（4）污染光环效应：该假说认为当发达国家实施强的环境规制政策时，会迫使企业降低成本而转向环境规制弱的发展中国家，而这些企业一般都具有较为先进的绿色技术和管理经验，企业转移的同时也可以通过知识和技术的溢出效应影响东道国，提高其环保水平，从而有利于降低本地的碳排放[③]。（5）经济集聚外部性：城镇化通过产业集聚的技术溢出效应和共享效应，有利于技术进步，从而提高能源的利用效率；同时，产业集聚能够促进经济增长，当居民收入水平提高到一定程度，更加重视生活的质量，环保意识增强，将会迫使政府采取环境规制政策以降低环境污染和碳排放[④]。

环境规制的"倒退效应"认为，企业预期环境规制在未来将会较长时间存在，且呈加强趋势，可能会扩大生产规模消耗大量能源，且环境规制的实施，使得企业部分资金用于环境末端治理，增加生产成本，占用原本用于研发的成本，对碳减排产生不利影响。其影响途径也主要有五种：（1）遵循成本效应：当政府加强环境管制时，企业为了不被关停，需要对污染排放量进行控制，将采取末端治理技术的改进或购买先进设备，这样将会增加企业的生产成本，环保投入可能会挤占原本的清洁研发投入，不利于技术进步，阻碍能源效率的提升，削弱了企业竞争力[⑤]。（2）产业结构变动：某些地区的经济发展主要依赖高能耗、高污染企业，在此地实施

---

① 王馨康，任胜钢，李晓磊. 不同类型环境政策对我国区域碳排放的差异化影响研究 ［J］. 大连理工大学学报（社会科学版），2018，39（2）：55 – 64.

② Linde P. Toward a New Conception of the Environment – Competitiveness Relationship ［J］. *Journal of Economic Perspectives*，1995，9（4）：97 – 118.

③ Atkinson S. E.，Lewis D H. A cost – effectiveness analysis of alternative air quality control strategies ［J］. *Journal of Environmental Economics & Management*，2006，1（3）：237 – 250.

④ 刘习平，盛三化. 产业集聚对城市生态环境的影响和演变规律——基于 2003 – 2013 年数据的实证研究 ［J］. 贵州财经大学学报，2016（5）：90 – 100.

⑤ 王晓红，冯严超. 环境规制对中国循环经济绩效的影响 ［J］. 中国人口·资源与环境，2018，28（7）：136 – 147.

环境规制，可能会加强"遵循成本效应"，进一步扩大制造业规模，在较大程度上促进了碳排放。（3）能源结构高碳化：在对环境规制未来预期更加严厉的影响下，能源供给者可能加快能源开采，造成市场能源价格下跌，能源使用者加大能源购买量，能源消耗增多，对碳排放总量的增加具有正向促进作用。（4）污染避难所效应：发达国家的企业由于面临着较严苛的环境规制，为了降低企业生产成本，可能会通过外商直接投资，将本国的高能耗产业转移至发展中国家，这些发展中国家一般具有经济发展水平相对较低、环境管制宽松等特征，从而对东道国的碳排放增加具有一定的促进作用①。（5）经济集聚不经济性：产业集聚带来了城市规模的扩张，增加了企业生产成本，产生较多碳排放，且以第二产业为主的城市需要消耗较多能源，随着城镇化和工业化进程的加快，产业集聚带来的密集效应导致碳排放增加；同时，当前的环境效应会影响后期的环境质量，当污染密集型企业在某个地方出现时，趋向于在这个地方长期发展，会产生大量碳排放，且环境规制政策的实施也具有一定的滞后性，当城市生态环境达到环境承载容量时，环境恶化程度加剧。由此提出假说4.1：

假说4.1：新型城镇化建设通过加强环境规制影响碳排放，环境规制对碳排放的影响是"倒逼效应"和"倒退效应"的综合结果。

4.1.2 基础设施建设中介传导机制的机理分析

新型城镇化建设伴随着农村人口迁入、城市规模的扩大，不可避免增加对城市基础设施建设的需求。城市基础设施建设可通过构建基础设施网络实现城乡一体化、区域一体化，促进新型城镇化高质量发展。新古典经济增长理论认为基础设施是"外生"变量，通过增加资本积累促进经济发展；内生经济增长理论认为基础设施是"内生"变量，其具有溢出效应，

---

① Oliveira J. Implementing Environmental Policies in Developing Countries Through Decentralization: The Case of Protected Areas in Bahia, Brazil [J]. *World Development*, 2002, 30（10）: 1713 – 1736.

是经济增长的重要动力。基础设施建设主要通过两种途径推进新型城镇化建设：一是作为社会先行资本的基础设施可看作一种投资，促进资本积累和经济增长。在基础设施建设初期，其存量较少，需要大量基础设施建设，资本投入产出比较高，大量资本涌入，将带动私人资本的投入，形成大量资本积累，有利于促进经济增长。但随着投资达到一定规模，基础设施投资呈边际收益递减趋势，再增加投资，带动经济增长效应减弱，同时基础设施建设会挤出人力资本投资，不利于技术进步；二是作为公共物品的基础设施建设通过溢出效应促进经济发展。

基础设施建设可通过其正外部性促进新型城镇化建设。交通基础设施建设促进了区域和城乡之间的可达性，降低了运行成本，加强了区域与城乡之间的交流，有利于促进经济发展；通信基础设施建设为信息传递提供了便利，降低了搜寻成本，推动农村向城镇转移，促进产业结构升级，有利于城镇化建设；教育基础设施的建设为学生提供了入学机会，有利于提高人力资本水平，为社会进步提供人才支撑；医疗基础设施的建设有利于改善民生，缓解看病难等问题。总之，基础设施建设的溢出效应显著促进了新型城镇化建设，也是新型城镇化建设的重要工程[①]。随着基础设施的不断完善，农村转移到城镇的成本显著降低，公共服务水平提升，有利于缩小城乡差距，实现城乡均衡发展。基础设施建设显著推动了城市群的经济发展，其促进了区域与城乡的联系，加强了彼此的人才、信息和产品等的交流，增强了地区间的集聚—扩散效应，有利于城市群空间格局的形成。且基础设施建设推动了人口城镇化和土地城镇化的发展，带动人力资本的集聚，促进新型城镇化建设水平提升。因此，新型城镇化建设很大程度上依靠城市基础设施建设实现高质量发展。

基础设施建设包括邮电通信、交通运输、能源供给、科教文卫、医疗卫生等基础性建设。城市基础设施建设需要大量能源，一方面随着城镇化

---

① 史雅娟，朱永彬，黄金川. 北京市基础设施与经济社会发展关系 [J]. 地理科学进展，2016，35（4）：450–461.

面积的扩张，增加对基础设施的需求，挤占大量耕地、林地，缩减了碳汇来源；另一方面，需要消耗大量钢筋、水泥、混凝土、电能等，带动了这些上下游高耗能产业的发展，产生大量碳排放。基础设施的建设虽然可以降低交易成本，但完善的基础设施建设，增加了各类交通运输工具，尤其是私家车出行显著增多，易出现拥堵现象，且其行驶过程需要消耗能源产生碳排放。基础设施的完善有利于提升公共服务水平，吸引人口到此集聚，一般而言，城市人口消耗的能源要高于农村，促进人力资本水平的提升，但同时也会带来"城市拥堵、空气污染"等城市病，老龄化严重、家庭规模缩小，人均生活能耗增多，人均碳排放增加。

基础设施的溢出效应有利于促进经济发展，城市面积规模呈扩大趋势，经济规模向外部扩散，有利于形成城市群、地区之间、区域之间的基础设施网络，交易更加频繁，也需要消耗大量能源[①]。且随着基础设施网络的建成，公共服务水平的显著提升，吸引众多厂商和外商直接投资在此集聚，形成经济集聚，经济集聚有利于降低碳排放，外商直接投资也具有一定的碳减排效果。城镇化的发展依赖基础设施的支撑，且城镇化水平越高，基础设施的正溢出效应越显著，而人口规模较大、分工细化的大城市，有较大的优势来集聚大量劳动力，用于基础设施的研发、施工和维护工作，有利于降低其生产成本，提高能源利用效率，但也存在基础设施过量，可能造成产能过剩、资源和能源的浪费等现象。总体来说，新型城镇化建设需要大量基础设施，不可避免消耗能源产生大量碳排放，随着基础设施的逐步完善，基础设施的正外部性逐渐凸显，会在一定程度上导致人均碳排放的下降。在新型城镇化建设初期，基础设施的建设将会消耗更多能源，产生较多的碳排放。据此提出假说4.2：

假说4.2：新型城镇化建设通过促进基础设施建设促进碳排放，但基础设施的进一步完善有利于降低碳排放。

---

① 郭鹏飞，曹跃群，赵世宽. 基础设施投入、非农就业转移与区域经济增长 [J]. 经济与管理研究，2021，42（1）：51-65.

4.1.3　能源效率中介传导机制的机理分析

中国城镇化进程实现了飞速发展，2019 年城镇化率为 60.60%，与 1978 年相比增长了 3.38 倍①。城镇化诺瑟姆曲线认为，当城镇化率处于 30% ~70%，该国城镇化进入快速发展阶段，在该阶段，经济转型和产业结构升级不可避免地消耗了大量能源。1996 年，中国能源消耗量达 13.52 亿吨标准煤，2019 年，能源消耗总量达 48.70 亿吨标准煤，在此期间，能源消费量增长了 3.60 倍，城镇化率增长了 1.99 倍②，能源消费的增长速度远高于同时期城镇化率的增长速度，城镇化发展需要大量能源作为支撑。统计数据显示，2019 年，在能源消费占比结构中，煤炭及石油占比合计为 83.5%，其他能源占比为 16.5%③。由此可知，高能耗的煤炭和石油仍是主要能源消费来源，当前的能源结构显著促进了碳排放的增加，而新型城镇化建设对能源效率的影响不容忽视，且具有正负两方面效应。

在人口结构方面，城镇化进程表现为大量农业人口向城镇转移，农村常住人口快速下降，从事农业的劳动力显著减少，农业机械化生产普及，需要消耗大量化石能源；转移到城市的农村人口在各方面均发生较大改变，将增加电力和天然气的消耗，同时增加对城市基础设施的需求，收入水平的提高也增加物质需求，直接能耗和中间能耗均显著增加④。城镇化提高了居民收入水平，居民的生活方式与消费行为发生改变，由原来的煤炭、秸秆等转化为电力、天然气等优质资源，促进能源效率的提高；但靠近消费市场，有利于促进城镇居民消费升级，随着消费欲望和消费需求的进一步扩大，庞大的人口基数和人口结构变动将进一步增加对能源的需求⑤。城镇化同时带动了人力资本的累积，提高居民受教育水平，有利于

---

①②③　国家统计局. 中国统计年鉴（2020）［M］. 北京：中国统计出版社，2020.
④　吕连菊，阚大学. 城镇化水平、速度和质量对能源消费的影响［J］. 城市问题，2017（5）：17－25.
⑤　郭文，孙涛. 人口结构变动对中国能源消费碳排放的影响——基于城镇化和居民消费视角［J］. 数理统计与管理，2017，36（2）：295－312.

信息和知识溢出，通过学习、模仿、研发促进技术进步；并通过对劳动资源的重新配置，提高劳动生产效率和能源效率①。当前，我国金融发展和人力资本皆处于较低水平，对外溢的技术吸收有限，不利于能源效率的提升。

在产业结构方面，新型城镇化建设促进产业结构升级，资本和能源要素由传统工业产业流向高技术、新兴、高制造产业和第三产业，有利于提高能源效率②。但第一产业主要依赖土地资源和水资源，第二产业主要依赖金属矿产、化石燃料等，对能源需求巨大，传统工业化水平的提升对能源需求增加，工业化增加了基础设施、房地产等项目的建设，带动了高耗能工业发展，不利于能源效率提升③。在产业集聚方面，新型城镇化建设有利于生产要素的集聚，产业集聚具有规模效应，有利于降低包括能源在内的各类要素的单位产出消耗量；产业集聚有利于技术外部性和技术溢出效应，为能源效率的持续提升提供技术支持；且可通过市场手段诱发企业竞争，当能源价格提高时，竞争效应有利于激发节能减排。

在空间结构方面，低密度的城市存在土地资源开发不足，生活与生产设施分布较为分散，增加私家车的出行数量和距离，可能导致能源消耗的增加；高密度的城市具有规模效应，通过公共设施和公共服务的推进，缩短通勤距离，降低能源消耗总量④，但若城市布局过于紧凑，可能会导致"城市病"，规模效应的溢出效应不显著，能源消费总量反而呈上升趋势。根据上述分析，新型城镇化建设对能源效率影响巨大，但作用方向尚不明确。据此提出假说4.3：

假说4.3：新型城镇化建设通过能源利用效率影响碳排放，但新型城

---

① 周敏，谢莹莹，孙叶飞，等. 中国城镇化发展对能源消费的影响路径研究——基于直接效应与间接效应视角 [J]. 资源科学，2018，40（9）：1693 – 1705.
② 李标，吴贾，陈姝兴. 城镇化、工业化、信息化与中国的能源强度 [J]. 中国人口·资源与环境，2015，25（8）：69 – 76.
③ Bernardini O., Galli R. Dematerialization: Long term trends in the intensity of use of materials and energy [J]. *Futures*, 1993, 25（4）：431 – 448.
④ Burton E. The compact city: Just or just compact? A preliminary analysis [J]. *Urban Studies*, 2000, 37（11）：1969 – 2006.

镇化建设对能源效率的影响不确定，能源利用效率的提升有利于降低碳排放。

■ 4.2　变量说明和中介效应模型设定

4.2.1　变量说明

环境规制的衡量指标既有过程指标也有结果指标，按照指标性质分为以下三种：第一，单一指标法，选取单个指标来表征，常用的有环境投入指标、环境规制的相关法律法规；第二，综合指数法，按照投入、产出角度分为三种：环境治理指标、环境排放指标、综合投入和产出的指标；第三，分类考察法，按照环境规制的手段、主体等视角进行分类。由于单一指标为环境规制的一种侧面表达，只能反映投入或法规的一部分，易造成偏差。环境综合产出指标反映的是各种环境规制手段综合作用的最终效果[1]，但由于地级市数据的缺乏，无法从多角度、多类型考察环境规制强度。参考前人文献，选取污染排放量的综合指标衡量环境规制强度，包括工业二氧化硫排放强度、污水处理厂集中处理率和工业烟尘排放强度3个指标，排放强度指标为排放量与平减后的工业增加值的比值。运用熵值法确定指标权重，并进行环境规制强度测算，值越大，环境规制强度越高。

关于对基础设施的量化，由于中国缺乏一套公开的基础设施资本存量数据，现有研究也大部分采用替代法，一种方法是采用投资流量替代，另一种方法采用实物形式，或多或少存在一些缺陷[2]。资本形式主要选用固

---

① 李虹，邹庆．环境规制、资源禀赋与城市产业转型研究——基于资源型城市与非资源型城市的对比分析 [J]．经济研究，2018，53（11）：182 – 198.

② 金戈．中国基础设施与非基础设施资本存量及其产出弹性估算 [J]．经济研究，2016，51（5）：41 – 56.

定资产投入额或资本存量来衡量基础设施投资量；基础设施的实物形式主要包括交通基础设施建设、公共服务设施建设、公共基础设施建设等，多采用构建指标体系进行水平评价。因不同学者对实物基础设施建设的指标选择不同，评价方法不同，所得出的结论尚未有一致性，而有学者认为生产性资本存量能反映固定资产的服务效率①。参考前人文献，本书采用永续盘存法核算固定资本存量，并以 2010 年为基期进行价格指数平减处理②。

全要素能源效率是基于多种投入和产出指标，采用实证模型进行测算所得，测算结果难免存在一定偏差。单要素能源效率运用较为普遍，计算简单，有利于国别比较，且有利于保持数据的原始性，本书采用单要素能源效率衡量，即地区实际的生产总值与能源消费之比。

4.2.2　修正的中介效应模型

温忠麟等提出的中介效应模型的表达式如下③。

$$Y = cX + e_1 \tag{4.1}$$

$$M = aX + e_2 \tag{4.2}$$

$$Y = c'X + bM + e_3 \tag{4.3}$$

而根据众多专家解读和统计学分析，若式（4.3）回归成立，则式（4.1）存在拟合不足；若式（4.2）成立，再对式（4.3）进行回归，则存在内生性问题，可能导致结论不可靠，故根据统计学原理只对式（4.1）和式（4.2）进行回归，不对式（4.3）进行回归，中介变量对碳排放的影响方向应通过理论推导或文献总结确定，而不能将核心解释变量、中介变量和因变量纳入同一分析框架。

---

① 杨玉玲，郭鹏飞. 省际第三产业资本存量：框架、检验及动态轨迹［J］. 数量经济技术经济研究，2017，34（10）：78－93.
② 薛桂芝. 中国城市基础设施资本存量及产出弹性测算［J］. 经济评论，2018（4）：72－83.
③ 温忠麟，侯杰泰，张雷. 调节效应与中介效应的比较和应用［J］. 心理学报，2005（2）：268－274.

为了验证假说 4.1、假说 4.2 和假说 4.3 的正确性，同时为了再次验证新型城镇化建设的碳减排结论的稳健性，考虑到碳排放具有一定的滞后效应，运用系统 GMM 模型回归分析，该模型可在一定程度上缓解内生性问题[①]，具体公式如下。

$$Y_{it} = c_1 Y_{i,t-1} + c_2 Y_{i,t-2} + cDID + \sum \alpha_i control_{it} + u_i + v_t + \varepsilon_{it} \quad (4.4)$$

$$M_{it} = aDID + \sum \beta_i control_{it} + u_i + v_t + \varepsilon_{it} \quad (4.5)$$

式（4.4）中，Y 表示人均碳排放，$Y_{i,t-1}$ 表示一阶滞后项，$Y_{i,t-2}$ 表示二阶滞后项，M_{it} 为新型城镇化建设影响人均碳排放的中介变量——环境规制（ER）、基础设施建设（FRA）和能源效率（EE），$control_{it}$ 表示控制变量，同第 3 章一致。首先，对核心解释变量中心化处理，然后，对式（4.4）进行回归，检验新型城镇化建设与人均碳排放的回归系数，若回归系数 c 显著，则进行下一步检验；接着对式（4.5）进行回归，检验新型城镇化建设对中介变量的回归系数 a，若回归系数显著，则表明传导机制存在。

根据大量文献总结和机理推导，环境规制对碳排放的影响取决于"倒退效应"和"倒逼效应"的综合结果，有待进一步实证检验。基础设施建设有可能促进人均碳排放的增加，因为在新型城镇化建设初期，对基础设施建设的需求显著增加，带动上下游高能耗产业发展，促进碳排放的显著增加。能源利用效率的提升有利于降低碳排放，该结论已被学者证实。为了验证上述猜想，构建系统 GMM 模型对中介变量与碳排放的关系进行验证，具体模型如下所示。

$$Y_{it} = b_1 Y_{i,t-1} + b_2 Y_{i,t-2} + bM_{it} + \sum \lambda_i control_{it} + u_i + v_t + \varepsilon_{it} \quad (4.6)$$

式（4.6）中，当 M_{it} 为环境规制（ER）时，其对应的回归系数方向不确定；当 M_{it} 为基础设施建设（FRA）时，其对应的回归系数 b 可预测为正；当 M_{it} 为能源效率（EE）时，其对应的回归系数 b 应显著为负，且回归系数在统计学上均应通过显著性水平检验。

[①] 谭建立，赵哲. 财政支出结构、新型城镇化与碳减排效应 [J]. 当代财经，2021（8）：28 – 40.

4.2.3　基于 EKC 模型的进一步检验

根据环境规制、基础设施建设和能源效率影响碳排放的机理分析可知,试点地区环境规制和能源利用效率的提升均有利于降低人均碳排放,该结论被学者多次证实,不存在争议,且本书的回归结论也对此进行了验证。根据基础设施建设作为中介传导机制的机理分析表明:大量的基础设施建设将带动钢铁、化石等高能耗企业的发展,产生较多的碳排放;当基础设施建设达到一定程度时,可通过基础设施的正外部性,促进经济集聚、产业结构升级等,有利于降低碳排放。即在新型城镇化建设初期,基础设施建设可能促进碳排放,同本书结论吻合;随着新型城镇化的进一步建设,基础设施的完善,基础设施有利于降低碳排放,即在新型城镇化建设中基础设施建设与碳排放之间可能存在非线性关系,基础设施建设对碳排放存在容量拐点。为了验证该猜想,基于 EKC 模型,将样本数据分为试点地区与非试点地区,构建基础设施建设与碳排放的回归模型,具体公式如下。

$$Y = \eta_0 + \eta_1 Y_{i,t-1} + \eta_2 Y_{i,t-2} + \eta_3 FRA_{it} + \eta_4 FRA_{it}^2 +$$
$$\sum \gamma_j control_{it} + \omega_{it} \qquad (4.7)$$

4.2.4　有调节的中介效应模型

有调节的中介效应模型指自变量通过中介变量作用因变量的传导过程中,受到调节变量的调节影响,其重心在于传导机制,其次考虑传导机制受到调节变量的影响会发生何种变化。

对中介效应模型和修正的中介效应模型对比验证,发现核心解释变量对因变量的作用方向和显著性不发生改变,仅影响程度具有稍微差异,可验证修正的中介效应模型具有一定的适用性,不影响经济学分析,且在统计学上具有一定的合理性,若估计结果稳健,增加或减少某些控制变量,并不影响核心解释变量对因变量的解释力。同理可推导原始的有调节的中介效应模型在经济学上具有一定的适用性，构建表达式如下所示[①]。

$$Y_{it} = c_0 + c_1 DID + c_2 U_{it} + c_3 DID \times U_{it} + \sum \alpha_i control_{it} + \varepsilon_{it} \quad (4.8)$$

$$M_{it} = a_0 + a_1 DID + a_2 U_{it} + a_3 DID \times U_{it} + \sum \beta_i control_{it} + \varepsilon_{it} \quad (4.9)$$

$$Y_{it} = b_0 + b_1 DID + b_2 U_{it} + d_2 M_{it} + d_3 U_{it} \times M_{it} + \sum \lambda_i control_{it} + \varepsilon_{it}$$

$$(4.10)$$

式（4.8）~式（4.10）中，Y 为因变量，U 为调节变量，表示城市人口规模、城市经济规模和城市人力资本水平；M 为中介变量，指环境规制、基础设施建设和能源利用效率。

本书采用了原始有调节的中介效应模型进行异质性分析，未对模型进行修正，主要有以下解释：在运用原始和修正后的中介效应对传导机制进行回归过程中，发现自变量对因变量的影响程度仅具有稍微差异，作用方向和显著性不发生改变，未影响经济学分析，可推测原始的有调节的中介效应模型也具有一定的适用性；若对原始有调节的中介效应模型进行修正，则需将传导路径分为两个过程，第一个过程研究自变量对中介变量的作用是否受到调节变量的影响，第二个过程研究中介变量对因变量的作用是否受到调节变量的影响，则偏移了研究主旨，忽视了新型城镇化建设这一核心解释变量，需进一步将样本分为试点地区和非试点地区，在增加大量工作量的基础上得到的结论差异不大。

4.3　中介效应的实证结果与分析

4.3.1　基于修正的中介效应模型的回归分析

本书为了验证假说4.1~假说4.3，在人均碳排放、中介变量作为因

① 温忠麟，叶宝娟. 有调节的中介模型检验方法：竞争还是替补？［J］. 心理学报，2014，46（5）：714-726.

变量模型中，分别采用系统 GMM 模型、固定效应模型进行回归，结果见表 4 - 1。当因变量为人均碳排放时，$AR(2)$ 通过显著性检验，$AR(3)$ 检验不显著，表明人均碳排放存在滞后二阶，$sargon$ 的 P 值未通过检验，表明选取的工具变量具备有效性。试点政策对人均碳排放的回归系数为 - 0.5629，具有显著的碳减排效果，同第 3 章中直接政策效应的回归结论一致，运用不同的研究方法得到的结论趋于一致，再次证明了"新型城镇化建设具有显著碳减排效果"这一结论的稳健性。

表 4 - 1　　　　　　　　　　　中介效应的回归结果

因变量	人均碳排放		环境规制		基础设施建设		能源效率	
	回归系数	P 值	回归系数	P 值	回归系数	P 值	回归系数	P 值
$Y(-1)$	1.0403 ***	0.00						
$Y(-2)$	-0.1089 ***	0.00						
DID	-0.5629 ***	0.00	0.1636 ***	0.00	0.0659 ***	0.00	-0.2016 ***	0.00
x_1	-0.2697 ***	0.01	-0.1046 ***	0.01	-0.0437 **	0.02	0.2202 ***	0.01
x_2	-0.4092 ***	0.00	-0.0031	0.89	0.2524 ***	0.00	0.1858 ***	0.00
x_3	-0.0279	0.80	0.0088	0.78	0.0220 *	0.09	-0.0351	0.59
x_4	0.1802 ***	0.00	-0.0406 ***	0.00	0.0065	0.11	-0.0395 **	0.05
x_5	1.3945 ***	0.00	0.1694 ***	0.00	0.4363 ***	0.00	-1.2523 ***	0.00
x_6	0.0782 *	0.06	-0.0068	0.52	0.0239 ***	0.00	-0.1388 ***	0.00
$AR(2)$		0.01						
$AR(3)$		0.81						
$sargon$		0.35						
R^2			0.1619		0.7665		0.4818	

注：*、**、*** 分别表示在 10%、5%、1% 的水平上通过显著性检验。

在环境规制作为因变量模型中，试点政策对环境规制的回归系数为 0.1636，在 1% 的水平下显著，表明与未实施新型城镇化试点地区相比，实施新型城镇化试点政策地区的环境规制增加了 0.1636，在极大程度上增加了环境规制强度。在基础设施建设作为因变量模型中，试点政策对基础设施建设的回归系数为 0.0659，意味着与未实施新型城镇化试点地区相比，实施新型城镇化试点地区的基础设施建设增加了 0.0659。在能源效率作为因变量模型中，试点政策对能源效率的回归系数为 -0.2016，表明实施新型城镇化试点地区与未实施新型城镇化试点地区相比，实施新型城镇化试点地区的能源效率反而下降了。由于新型城镇化建设需要大量基础设施建设，带动化工、钢铁等上下游高能耗产业发展，在新型城镇化建设初期会消耗更多能源，不利于能源效率的提升。试点政策对环境规制、基础设施建设、能源效率的回归系数均通过 1% 的显著性水平检验，表明新型城镇化建设可以通过提升环境规制强度、增加基础设施建设、抑制能源效率影响碳排放。

4.3.2 中介变量对碳排放的回归分析

根据前文中介变量对碳排放的作用机理分析和大量相关文献总结，可以明确基础设施建设对碳排放具有促进影响，能源利用效率的提升有利于降低碳排放，环境规制强度的提升有利于降低碳排放。为了进一步验证中介变量对碳排放影响结论的稳健性，基于动态面板模型对中介变量与碳排放的关系进行实证检验，并将样本数据分为整体样本、试点地区和非试点地区样本，相互验证结论的稳健性，回归结果见表4-2、表4-3和表4-4。

表4-2　　　　　　　　中介变量对碳排放的估计结果

核心解释变量	环境规制		基础设施建设		能源效率	
	回归系数	P值	回归系数	P值	回归系数	P值
Y(-1)	1.0647***	0.00	1.0293***	0.00	1.0314***	0.00
Y(-2)	-0.1160***	0.00	-0.1013***	0.00	-0.0618***	0.00
ER	-0.5285***	0.01				
FRA			-1.2575***	0.00		
EE					-0.3238***	0.00

核心解释变量	环境规制		基础设施建设		能源效率	
	回归系数	P 值	回归系数	P 值	回归系数	P 值
x_1	− 0.1626 *	0.09	0.1214	0.42	− 0.0756	0.43
x_2	− 0.3239 ***	0.00	− 0.3068 ***	0.00	− 0.1933 ***	0.01
x_3	− 0.1195	0.27	− 0.1287	0.29	− 0.1324	0.22
x_4	0.1831 ***	0.00	0.3280 ***	0.00	0.1758 ***	0.00
x_5	0.8916 ***	0.00	1.6865 ***	0.00	0.0862	0.59
x_6	0.1521 ***	0.00	0.1427 ***	0.00	0.1548 ***	0.00
$AR(2)$		0.01		0.00		0.01
$AR(3)$		0.94		0.88		0.97
$sargon$		0.76		0.14		0.49

注：*、**、***分别表示在10%、5%、1%的水平上通过显著性检验。

表4-2为整体层面上，环境规制、基础设施建设和能源效率对碳排放的回归结果。从表4-2中可以看出，环境规制（ER）对人均碳排放的回归系数显著为−0.5285，表明环境规制强度的提升有利于降低碳排放，环境规制对碳排放的影响主要表现为"倒逼效应"。基础设施建设（FRA）对人均碳排放的回归系数为−1.2575，通过1%的显著性水平检验，表明基础设施建设显著降低了碳排放；能源效率对人均碳排放的回归系数为−0.3238，也在较大程度上降低了碳排放。上述结论均表明，环境规制强度的提升、基础设施建设和能源效率的提升均有利于降低碳排放。

表4-3 试点地区中介变量对碳排放的估计结果

核心解释变量	试点地区					
	环境规制		基础设施建设		能源效率	
$Y(-1)$	1.0219 ***	0.00	0.9074 ***	0.00	0.9458 ***	0.00
$Y(-2)$	− 0.0680 ***	0.00				
ER	− 0.6479 ***	0.00				

续表

核心解释变量	试点地区					
	环境规制		基础设施建设		能源效率	
FRA			0.5502 ***	0.00		
EE					− 0.2287 ***	0.00
x_1	− 0.3691 ***	0.00	− 0.1839	0.29	− 0.0372	0.84
x_2	− 0.4088 ***	0.00	− 0.5324 ***	0.00	− 0.4806 ***	0.00
x_3	0.2414 ***	0.00	− 0.1696 *	0.08	− 0.013	0.90
x_4	− 0.0245 ***	0.00	0.0290 **	0.02	0.0202	0.11
x_5	0.2475 ***	0.00	− 0.7125 ***	0.00	− 0.7470 ***	0.00
x_6	0.2850 ***	0.00	0.2393 ***	0.00	0.2467 ***	0.00
$AR(2)$		0.09		0.21		0.22
$AR(3)$		0.25				
$sargon$		0.22		0.14		0.58

注：* 、** 、*** 分别表示在10%、5%、1%的水平上通过显著性检验。

为了深入分析新型城镇化试点地区，环境规制、基础设施建设和能源效率对碳排放的作用方向和程度，将样本分为试点地区和非试点地区，运用系统 GMM 进行回归，结果见表 4 - 3 和表 4 - 4。表 4 - 3 为试点地区中介变量对碳排放的回归结果。从表 4 - 3 中可以看出，在试点地区，环境规制的回归系数为 - 0.6479，对人均碳排放具有显著的负向影响，表明试点地区环境规制强度的提升有利于抑制碳排放。基础设施建设的回归系数为 0.5502，对人均碳排放具有显著正向影响，意味着在试点地区，基础设施建设显著增加了人均碳排放；能源效率的回归系数为 - 0.2287，表明能源效率的提升有利于降低人均碳排放。从环境规制、基础设施建设和能源效率对人均碳排放的回归系数绝对值分析，在新型城镇化试点地区，环境规制对碳排放的影响最为显著，其次为基础设施建设，最后为能源效率。

表 4 - 4 为非试点地区中介变量对碳排放的回归结果。从表 4 - 4 中可以看出，在非试点地区，环境规制对人均碳排放的回归系数为负但不显

著，表明未实施新型城镇化试点地区的环境规制对碳排放的减排效果不显著，再次验证了试点地区通过加强环境规制有利于降低碳排放。基础设施建设对人均碳排放的回归系数为 -1.6397，在极大程度上促进了人均碳排放的下降，一方面，基础设施建设的完善有利于促进经济集聚、产业结构升级、外商直接投资的增多；另一方面，基础设施建设增强了交通可达性，有利于人力资本的流动和技术溢出效应，促进技术进步；能源效率的回归系数 -0.4152，表明能源效率的提升可显著抑制人均碳排放。

表 4 - 4　　　　　　　　非试点地区中介变量对碳排放的估计结果

核心解释变量	非试点地区					
	环境规制		基础设施建设		能源效率	
$Y(-1)$	0.9568 ***	0.00	0.9352 ***	0.00	0.9289 ***	0.00
$Y(-2)$	-0.0588 ***	0.00	-0.0331 **	0.02	-0.0113	0.47
ER	-0.2019	0.52				
FRA			-1.6397 ***	0.00		
EE					-0.4152 ***	0.00
x_1	-0.0296	0.86	0.4066 *	0.09	-0.0181	0.89
x_2	-0.3130 ***	0.00	-0.0981	0.21	-0.1579 **	0.02
x_3	-0.1643	0.26	-0.1821	0.30	-0.1819	0.16
x_4	0.7479 ***	0.00	0.8107 ***	0.00	0.7267 ***	0.00
x_5	0.9470 ***	0.00	1.8760 ***	0.00	-0.0665	0.68
x_6	0.1441 ***	0.00	0.1540 ***	0.00	0.1373 ***	0.00
$AR(2)$		0.01		0.01		0.01
$AR(3)$		0.54		0.61		0.74
$sargon$		0.76		0.66		0.89

注：*、**、*** 分别表示在 10%、5%、1% 的水平上通过显著性检验。

根据表 4 - 2 ~ 表 4 - 4 的回归结果，可以明确，试点地区环境规制的碳减排效果十分显著，新型城镇化建设促进了环境规制强度的提升，环境规制的加强有利于降低碳排放，环境规制在新型城镇化建设与碳排放之间存在中介传导效应。新型城镇化建设促进了基础设施建设，试点地区基础设施建设当前对碳排放表现为正向促进作用；当前的新型城镇化建设抑制了能源利用效率的提升，能源利用效率的提升有利于降低碳排放；即环境规制和能源利用效率在新型城镇化建设影响碳排放中存在遮掩效应。新型城镇化建设通过提高环境规制强度降低碳排放，环境规制对碳排放的影响主要表现为"倒逼效应"；新型城镇化建设通过增加基础设施建设促进了碳排放；新型城镇化建设抑制了能源利用效率的提升，能源利用效率的提升有利于降低碳排放。以上结论验证了假说4.1、假说4.2和假说4.3。

4.3.3　基础设施建设影响碳排放的进一步检验

基于前文分析和实证结果可知，在新型城镇化建设初期，基础设施建设增加了碳排放，为了研究随着基础设施建设的完善是否有利于降低碳排放，本章将样本分为试点地区和非试点地区，基于 EKC 模型分析框架，以人均碳排放作为因变量，基础设施建设、基础设施建设的平方项作为核心解释变量，控制变量不发生变化，基于式（4.7）对基础设施建设与人均碳排放的关系，运用系统 GMM 模型进行深层次研究，回归结果见表 4-5。

表 4-5　　　　基础设施建设影响碳排放的非线性估计结果

变量	试点地区		非试点地区	
	回归系数	P 值	回归系数	P 值
$Y(-1)$	1.0220 ***	0.00	1.0158 ***	0.00
$Y(-2)$	-0.0643 ***	0.00	-0.0685 ***	0.00
FRA	0.1668 *	0.59	0.628	0.60
$FRA \times FRA$	-0.5732 **	0.52	-0.4318	0.12
x_1	-0.3075 ***	0.01	0.0656	0.69
x_2	-0.4289 ***	0.00	-0.4955 ***	0.00
x_3	0.1987 ***	0.00	-0.263	0.11
x_4	-0.0305 ***	0.00	0.4987 ***	0.00

续表

变量	试点地区		非试点地区	
	回归系数	P 值	回归系数	P 值
x_5	0.1854 ***	0.01	1.5962 ***	0.00
x_6	0.2896 ***	0.00	0.1393 ***	0.00
C	2.6435	0.18	1.7476	0.79
$AR(2)$		0.09		0.06
$AR(3)$		0.21		0.14
$sargon$		0.55		0.46

注：*、**、*** 分别表示在 10%、5%、1% 的水平上通过显著性检验。

从表 4-5 中可以看出，在试点地区，基础设施建设对人均碳排放的回归系数为 0.1668，基础设施建设的平方项对人均碳排放的回归系数为 -0.5732，均通过显著性水平检验，表明新型城镇化建设初期促进了基础设施建设的增加，随着新型城镇化的建设，基础设施的完善有利于降低人均碳排放。在非试点地区，基础设施建设和基础设施建设的平方项对人均碳排放的回归系数均不显著，同前文回归结果比较，表明非试点地区随着基础设施建设的增加，碳减排效果逐渐消失。试点地区的回归结果表明，在新型城镇化建设中，基础设施建设与人均碳排放存在倒"U"型关系，验证了假说 4.2。与非试点地区的结论对比分析可得到，新型城镇化建设初期通过增加基础设施建设促进了碳排放。

4.3.4 中介效应的稳健性检验

为了确保中介效应回归结论的稳健性，选取替换中介变量的方法进行检验。环境规制指标（M_1）从命令控制型角度，借鉴陈诗一等的做法，使用能耗、节能、减排等词频占比来衡量[①]。能源效率选取全要素能源效

① 陈诗一，陈登科. 雾霾污染、政府治理与经济高质量发展 [J]. 经济研究，2018，53 (2)：20-34.

率（M_3）衡量，投入指标按照 C－D 生产函数，选取了资本投入、地区从业人员数、能源消费总量，产出指标为实际 GDP，运用超效率 SBM－DEA 模型测算所得。基础设施建设从交通基础设施建设角度选取公路里程密度（M_2），即公路里程数与行政区划面积比值来衡量。替换中介变量后对中介效应进行稳健性检验的回归结果见表4－6。从表4－6 中可以看出，在命令控制型环境规制作为因变量模型中，试点政策对其的回归系数显著为正；在交通基础设施建设作为因变量模型中，试点政策对其的回归系数显著为正；在全要素能源效率作为因变量模型中，试点政策对其的回归系数显著为负，意味着新型城镇化建设加强了环境规制、增加了交通基础设施建设、抑制了全要素能源效率的提升，同前文的回归结论一致。

表 4－6 　　　　　　　　替换中介变量后的中介效应回归结果

因变量	命令型环境规制（M_1）		交通基础设施建设（M_2）		全要素能源效率（M_3）	
	回归系数	P 值	回归系数	P 值	回归系数	P 值
DID	0.0827 ***	0.01	0.0191 **	0.02	－ 0.0296 *	0.07
x_1	－ 0.0722	0.28	－ 0.0586 **	0.03	0.0782 **	0.02
x_2	0.0504	0.11	－ 0.0024	0.85	－ 0.2822 ***	0.00
x_3	0.0650	0.18	0.0459 **	0.02	－ 0.0437 *	0.08
x_4	0.0031	0.84	－ 0.0013	0.83	－ 0.0167 **	0.03
x_5	0.5026 ***	0.00	0.1756 ***	0.00	－ 0.1973 ***	0.00
x_6	－ 0.0173	0.24	0.0144	0.13	－ 0.0501 ***	0.00
C	－ 3.3460 ***	0.00	3.1037 ***	0.00	6.9504 ***	0.00
R^2	0.1671		0.3381		0.3381	

注：*、**、*** 分别表示在10%、5%、1%的水平上通过显著性检验。

进一步分析试点地区替换中介变量后，中介变量对碳排放的影响效应，运用系统 GMM 模型进行回归分析，结果见表4－7。从表4－7 中可以看出，在实施新型城镇化试点地区，命令型环境规制对人均碳排放的回归系数为 － 0.1596，交通基础设施建设对人均碳排放的回归系数为

0.4926，全要素能源效率对人均碳排放的回归系数为 -0.4158，上述回归系数均通过显著性水平检验，表明命令型环境规制和全要素能源效率均可有效抑制碳排放的增加，交通基础设施建设加剧了碳排放，同前文回归结论一致。交通基础设施的建设需要消耗钢筋、混凝土等高能耗产品，不可避免地对碳排放具有促进作用。结合表4-6和表4-7可以明确，新型城镇化建设通过加强环境规制、促进交通基础设施建设、抑制全要素能源效率等途径影响碳排放，环境规制强度和全要素能源效率的提升有利于降低碳排放，交通基础设施的建设在当前主要表现为促进效应。同表4-1和表4-2的回归结果比较分析，可发现新型城镇化建设通过加强环境规制抑制碳排放，新型城镇化建设通过增加基础设施建设加剧了碳排放，新型城镇化建设通过抑制能源效率弱化了能源效率提升的碳减排效应，这三条中介传导机制的结论具有稳健性。

表4-7　　　　　　试点地区替换中介变量后对碳排放的估计结果

核心解释变量	命令型环境规制（M_1）		交通基础设施建设（M_2）		全要素能源效率（M_3）	
	回归系数	P值	回归系数	P值	回归系数	P值
$Y(-1)$	0.8821	0.00	0.9163	0.00	0.9323	0.00
M_1	-0.1596***	0.00				
M_2			0.4926**	0.02		
M_3					-0.4158	0.00
x_1	-0.0631	0.71	-0.1099	0.50	-0.0677	0.71
x_2	-0.6030***	0.00	-0.5741***	0.00	-0.7376	0.00
x_3	0.0567	0.56	-0.0833	0.42	-0.0511	0.63
x_4	-0.0285***	0.01	0.0557***	0.00	0.0139	0.31
x_5	0.3650***	0.00	-0.1747	0.11	-0.4750	0.00
x_6	0.2423***	0.00	0.2241***	0.00	0.2493	0.00
$AR(2)$				0.17		0.19		0.16
$sargon$				0.82		0.74		0.29

注：*、**、***分别表示在10%、5%、1%的水平上通过显著性检验。

4.4 异质性视角下中介效应分析

企业出于劳动力、成本等考虑，更加偏好于人口规模较大、经济规模较大的城市地区。人口集聚和经济集聚将带动基础设施的需求增加，但人口集聚也可促进人力资本水平提升，有利于提高能源利用效率。因此，人口集聚的差异、经济发展差异、人力资本水平等差异都将会对传导机制产生影响。东部地区为沿海率先开放区，经济发达吸引大量人口集聚，且基础设施建设较为完善，吸引众多外商直接投资，技术水平较为先进，能源利用效率较高。因此，城市所在区域也对中介传导过程存在一定影响。

调节效应指自变量对因变量作用过程中受到调节变量的影响，因此调节变量具有外生性，影响了自变量和因变量的作用方向和程度。而城市人口规模、城市区域、城市经济规模和人力资本水平等异质性变量相当于在新型城镇化建设影响碳排放中起到相应的调节影响，故本书采用原始的有调节的中介效应模型对中介效应进行异质性分析。在这些异质性变量中，城市所在区域为分类变量，而人口规模、经济规模、人力资本水平可视为连续调节变量，不同的变量类型应采用不同的分析方法。在第3章对直接政策效应进行异质性分析时，基于样本分类数据进行回归，在本章为了验证异质性变量可视为调节变量，采用有调节的中介效应模型进行实证检验。

4.4.1 不同城市人口规模下中介效应分析

本书将不同城市人口规模（scale）作为连续调节变量，环境规制、基础设施建设和能源效率作为中介变量，采用有调节的中介效应模型，运用固定效应面板模型研究不同城市人口规模下新型城镇化建设影响人均碳排放的中介效应，具体的回归结果见表4-8。从表4-8中可以看出，在人均碳排放作为因变量，试点政策作为核心解释变量，模型中（见表4－8第1列），城市人口规模与试点政策交互项的回归系数显著为正，表明在新型城镇化建设影响碳排放中，城市人口规模具有正向调节作用，随城市人口规模的增加，试点政策对人均碳排放的减排效果呈增强趋势，同第3章"新型城镇化建设对人均碳排放的减排效果随着城市人口规模的增加呈边际递增效应"趋于一致。

表4－8　　　　　　　　不同城市人口规模下中介效应的回归结果

	直接调节	环境规制		基础设施建设		能源效率	
ER		−0.4087 (0.12)					
$ER \times scale$		1.3771*** (0.00)					
FRA				0.1886** (0.02)			
$FRA \times scale$					−0.1776* (0.07)		
EE						−0.2059*** (0.01)	
$EE \times scale$						−0.0868 (0.17)	
DID	−0.6603*** (0.00)	0.1512*** (0.01)	−0.7117*** (0.00)	0.4644*** (0.00)	−0.7350*** (0.00)	−0.2413*** (0.00)	−0.7232*** (0.00)
$scale$	−0.06 (0.70)	0.0291* (0.08)	−0.0121 (0.94)	0.3115*** (0.00)	−0.044 (0.78)	−0.7428*** (0.00)	−0.1923 (0.23)
$DID \times scale$	0.1655* (0.08)	0.0038 (0.72)		0.1829*** (0.00)	0.3135***	0.00	
控制变量	是	是	是	是	是	是	是
R^2	0.3026	0.1717	0.3041	0.2108	0.2995	0.5270	0.3008

注：*、**、*** 分别表示在10%、5%、1%的水平上通过显著性检验。

在新型城镇化建设通过环境规制影响碳排放的传导路径中，环境规制作为因变量模型中（见表4－8第2列），试点政策的回归系数显著为

0.1512，试点政策的实施有利于加强环境规制强度，再次证明新型城镇化建设加强了环境规制强度。在人均碳排放作为因变量，环境规制作为核心解释变量模型中（见表4-8第3列），环境规制的回归系数为负但不显著，环境规制与人口规模交互项的回归系数显著为1.3771，意味着环境规制在人口规模的调节作用下，随着人口规模的增加，可能对碳排放具有抑制效应。上述分析表明城市人口规模在新型城镇化建设通过环境规制影响碳排放的后半段具有正向调节影响，随着人口规模的增加，环境规制对人均碳排放的抑制作用逐渐显现。

在新型城镇化建设通过基础设施建设影响碳排放的传导过程中（见表4-8第4列），当因变量为基础设施建设时，试点政策的回归系数显著为0.4644，表明试点政策的实施促进了基础设施建设；在该模型中交互项的回归系数显著为正，表明城市人口规模在新型城镇化建设与基础设施建设之间具有正向调节影响，随着城市人口规模的增加，新型城镇化建设对基础设施建设的促进作用呈增强趋势。在人均碳排放作为因变量，基础设施建设作为核心解释变量模型中（见表4-8第5列），基础设施建设的回归系数显著为0.1886，表明随着基础设施建设的增加，人均碳排放也有所增加，同前文结论一致；交互项的回归系数显著为-0.1776，表明基础设施建设对人均碳排放的正向促进效应，在人口规模的调节影响下，该效应可能由正向促进转为负向抑制。综上所述，城市人口规模在新型城镇化建设与基础设施建设之间存在正向调节影响，在基础设施建设影响人均碳排放之间存在负向调节影响，即随人口规模的增加，新型城镇化建设对基础设施建设的促进作用呈增强趋势，基础设施建设对人均碳排放的促进影响呈减弱趋势。

在新型城镇化建设通过能源效率影响碳排放的传导路径中，能源效率作为因变量模型中（见表4-8第6列），试点政策对能源效率的回归系数显著为负，表明新型城镇化的建设降低了能源利用效率，可能的原因是新型城镇化建设过程中消耗了大量能源，而扣除通货膨胀后的GDP并未实现大幅度增长，导致能源效率的下降，同前文回归结论一致；城市人口规模与试点政策的交互项的回归系数为0.3135，试点政策对能源效率的影响随着城市人口规模的增加而增加。在人均碳排放作为因变量模型中（见表4-8第7列），能源效率的回归系数为-0.2059，随着能源效率的提高，人均碳排放呈下降趋势，同前文回归结论一致；能源效率与城市人口规模交互项对人均碳排放的回归系数未通过显著性水平检验，表明城市人口规模仅在新型城镇化建设通过能源效率作用于人均碳排放的前半段具有正向调节影响，城市人口规模越大，新型城镇化建设对能源效率的抑制作用越显著。

4.4.2　不同区域下中介效应分析

由于我国幅员辽阔，各个地区资源禀赋存在较大差异，环境规制、基础设施建设和能源效率利用情况也存在较大差异，有必要进行区域分类，因此本书将研究样本分为东、中、西三个区域，根据调节效应的分析将样本进行分类运用因果中介法进行回归，结果见表4-9。依据因果中介法，第一步，将人均碳排放作为被解释变量，试点政策（DID）作为核心解释变量，进行回归；第二步，将中介变量（环境规制、基础设施建设和能源效率）作为因变量，试点政策作为核心解释变量进行回归；第三步，将人均碳排放作为因变量，试点政策、中介变量（环境规制、基础设施建设和能源效率）作为核心解释变量进行回归。本书采用因果中介分析模型进行回归和Sobel检验。

在新型城镇化建设通过环境规制作用于碳排放的路径中，环境规制为因变量模型中，在东、中、西部三个地区，试点政策对环境规制的回归系数均显著为正，表明新型城镇化建设均增加了试点地区的环境规制强度，同前文分析结论一致。在东部地区，在人均碳排放作为因变量，环境规制作为核心解释变量模型中（见表4-9第1列），环境规制对人均碳排放的回归系数显著为负，试点政策对人均碳排放的回归系数不显著；Sobel检验值为-0.1620，在10%的水平下显著，表明东部地区新型城镇化建设完全通过加强环境规制抑制碳排放。在中部地区，在人均碳排放作为因变量模

表4-9　不同区域下中介效应的回归结果

步骤	变量	环境规制			基础设施建设			能源效率		
		东部	中部	西部	东部	中部	西部	东部	中部	西部
第一步	DID	0.1388 (0.80)	-2.7309*** (0.00)	-1.3187 (0.31)	0.1388 (0.80)	-2.7309*** (0.00)	-1.3187 (0.31)	0.1388 (0.80)	-2.7309*** (0.00)	-1.3187 (0.31)
	control	是	是	是	是	是	是	是	是	是
	R^2	0.4803	0.4467	0.3518	0.4803	0.4467	0.3518	0.4803	0.4467	0.3518
第二步	DID	0.0253** (0.05)	0.0590*** (0.00)	0.1049*** (0.00)	0.3069*** (0.00)	-0.0069 (0.91)	0.0551 (0.50)	-0.0952 (0.12)	0.1751** (0.01)	-0.2092 (0.13)
	control	是	是	是	是	是	是	是	是	是
	R^2	0.3980	0.2775	0.2196	0.5201	0.6348	0.6623	0.3724	0.4009	0.4593
第三步	M	-6.4153*** (0.00)	-2.3559** (0.05)	3.0971 (0.24)	2.2993*** (0.00)	-0.8522*** (0.00)	4.0522*** (0.00)	-0.5042 (0.21)	-0.6828*** (0.00)	-1.4957*** (0.00)
	DID	0.3009 (0.57)	-2.5919*** (0.00)	-1.6435 (0.21)	-0.5668 (0.29)	-2.7368*** (0.00)	-1.5418 (0.22)	0.0908 (0.87)	-2.6113*** (0.00)	-1.6316 (0.20)
	control	是	是	是	是	是	是	是	是	是
	R^2	0.4921	0.4496	0.3542	0.5098	0.4561	0.3938	0.4820	0.4546	0.4593
	Sobel	-0.1620* (0.08)	-0.1390* (0.06)	0.3249 (0.25)	0.7056*** (0.00)	0.0059 (0.91)	0.2231 (0.50)	0.0480 (0.33)	-0.1196** (0.04)	0.3129 (0.17)

注：*，**，***分别表示在10%、5%、1%的水平上通过显著性检验。

型中（见表4-9第2列），环境规制对人均碳排放的回归系数显著为负，试点政策对人均碳排放的回归系数也显著为负，且 *Sobel* 通过显著性水平检验，表明新型城镇化建设部分通过加强环境规制抑制碳排放。在西部地区（见表4-9第3列），*Sobel* 未通过显著性水平检验，表明在西部地区新型城镇化建设通过环境规制影响碳排放的路径行不通。

在新型城镇化建设通过基础设施建设作用碳排放路径中，在东部地区，当因变量为基础设施建设时（见表4-9第4列），试点政策的回归系数显著为0.3069；当因变量为人均碳排放时，基础设施建设的回归系数显著为2.2993，试点政策的回归系数不显著，*Sobel* 的回归系数显著为0.7056，意味着在该区域新型城镇化建设完全通过增加基础设施建设促进了人均碳排放。在中部地区（见表4-9第5列），*Sobel* 检验不显著，试点政策对基础设施建设的影响不显著，表明在中部地区，新型城镇化建设通过基础设施建设影响碳排放的路径行不通。在西部地区（见表4-9第6列），*Sobel* 检验不显著，表明新型城镇化建设通过基础设施建设影响碳排放的路径行不通。

在新型城镇化建设通过能源效率作用碳排放路径中，当中介变量为能源效率时，在东部（见表4-9第7列）和西部地区（见表4-9第9列），*Sobel* 未通过显著性检验，传导路径不存在。在中部地区（见表4-9第8列），*Sobel* 为-0.1196，通过显著性水平检验，试点政策对能源效率的回归系数显著为0.1751，表明试点政策促进了该区域能源利用效率的提升；在人均碳排放作为因变量模型中，能源效率和试点政策对人均碳排放的回归系数均显著为负，表明在中部地区，新型城镇化建设部分通过提高能源利用效率降低了碳排放。

综上所述，新型城镇化建设影响人均碳排放的因果关系受到不同区域的影响，在东部地区，新型城镇化建设完全通过加强环境规制抑制人均碳排放，通过增加基础设施建设促进了人均碳排放；在中部地区，新型城镇化建设部分通过加强环境规制、提高能源效率降低了人均碳排放；在西部地区，新型城镇化建设通过环境规制、基础设施建设和能源效率作用于人均碳排放的路径均行不通。

4.4.3　不同城市经济规模下中介效应分析

本书将不同城市经济规模作为连续调节变量，研究不同城市经济规模下新型城镇化建设影响人均碳排放的中介效应，回归结果见表4-10。从表4-10中可以看出，在人均碳排放为因变量，试点政策作为核心解释变量模型中（见表4-10第1列），试点政策与经济规模交互项的回归系数显著为 -0.2668，意味着在新型城镇化建设直接作用碳排放的过程中，受到经济规模的负向调节影响，即新型城镇化建设对碳排放的抑制影响随着经济规模的增加呈减弱趋势。在模型中加入经济规模的平方项与试点政策的交互项，该回归系数为正，加入经济规模的立方项与试点政策的交互项，该回归系数为负，表明在新型城镇化建设中，经济规模对人均碳排放的影响呈先抑制再促进后又抑制的影响，即随着经济规模的增加，新型城镇化建设对人均碳排放的影响呈先抑制后促进而后抑制的影响，同第3章的结论一致。

表4-10　　　　　　　　不同城市经济规模下中介效应回归结果

变量	直接调节	环境规制	基础设施建设	能源效率
ER		-0.2462 (0.39)		
$ER \times gdp$		0.5593 ** (0.05)		
FRA			0.3576 *** (0.00)	
$FRA \times gdp$			-0.0645 (0.33)	
EE				-0.1320 * (0.02)
$EE \times gdp$				0.0175 (0.76)

变量	直接调节	环境规制		基础设施建设		能源效率	
DID	− 0.5130 *** (0.00)	0.0532 ** (0.02)	− 0.6683 *** (0.00)	0.3213 *** (0.00)	− 0.6035 *** (0.00)	− 0.2500 *** (0.00)	− 0.5466 (0.00)
gdp	0.5075 *** (0.00)	0.0691 *** (0.00)	0.2482 (0.13)	1.0193 *** (0.00)	0.8550 *** (0.00)	− 0.1378 * (0.09)	0.4905 ** (0.00)
DID × gdp	− 0.2668 *** (0.00)	0.0102 (0.23)		0.1058 *** (0.00)		0.0794 ** (0.04)	
控制变量	是	是	是	是	是	是	是
R^2	0.3026	0.1330	0.2992	0.4406	0.3087	0.4836	0.3057

注: *、**、*** 分别表示在10%、5%、1%的水平上通过显著性检验。

在新型城镇化建设通过环境规制影响碳排放的传导路径中，环境规制作为因变量模型中（见表4-10第2列），试点政策的回归系数显著为正，经济规模与试点政策交互项的回归系数不显著。在人均碳排放作为因变量，环境规制作为核心解释变量模型中（见表4-10第3列），环境规制的回归系数不显著，环境规制与经济规模交互项的回归系数显著为正，意味着城市经济规模在新型城镇化建设通过环境规制影响人均碳排放的后半段具有正向调节影响，随着经济规模的增加，环境规制对人均碳排放的抑制效应逐渐凸显。

在新型城镇化建设通过基础设施建设影响碳排放的传导路径中，在基础设施建设作为因变量模型中（见表4-10第10列），试点政策的回归系数显著为正，同前文的结论一致，试点政策与经济规模的交互项的回归系数显著为0.1058。当因变量为人均碳排放时（见表4-10第5列），基础设施建设的回归系数显著为0.3576，同前文结论一致；交互项的回归系数不显著，表明城市经济规模在新型城镇化建设通过基础设施建设影响人均碳排放的前半段具有正向调节影响，随着经济规模的增加，新型城镇化建设对基础设施建设的促进影响呈增强趋势。

在新型城镇化建设通过能源效率影响碳排放的传导路径中，在能源效率作为因变量的模型中（见表4-10第6列），试点政策对能源效率的回归系

数显著为 - 0.2500，试点政策与经济规模交互项对能源效率的回归系数显著为 0.0794，表明随着经济规模的增加，新型城镇化建设对人均碳排放的减排效果减弱。在人均碳排放作为因变量模型中（见表 4 - 10 第 7 列），能源效率对人均碳排放的回归系数显著为负，能源效率与经济规模交互项的回归系数不显著。依据有调节的中介效应模型检验流程，经济规模在新型城镇化建设通过能源效率影响人均碳排放的前半段具有正向调节影响，即随着经济规模的增加，新型城镇化建设对能源效率的抑制作用呈增强趋势。

4.4.4 不同城市人力资本水平下中介效应分析

根据对异质性的理解，将城市人力资本水平作为调节变量，采用有调节的中介效应模型，研究不同城市人力资本水平下，新型城镇化建设通过环境规制、基础设施建设和能源效率作用人均碳排放的中介效应，回归结果见表 4 - 11。从表 4 - 11 中可以看出，在人均碳排放为因变量，试点政策为核心解释变量的模型中，试点政策与人力资本水平交互项的回归系数显著为 0.0541（见表 4 - 11 第 1 列），表明新型城镇化建设对人均碳排放的减排效果随着人力资本水平的提升而增强，同第 3 章分析结论一致。

在环境规制为被解释变量时，试点政策的回归系数显著为正，表明新型城镇化建设加强了环境规制强度；人力资本水平的回归系数不显著，试点政策与人力资本水平交互项的回归系数显著为 0.0221，意味着人力资本水平的提升，强化了试点政策对环境规制的促进效应（见表 4 - 11 第 2 列）。在人均碳排放作为因变量，环境规制作为核心解释变量模型中，环境规制与人力资本水平交互项的回归系数显著为正，表明人力资本水平在环境规制与碳排放之间具有正向调节作用，环境规制对人均碳排放的抑制影响随人力资本水平的提升由不显著发展为显著（见表 4 - 11 第 3 列）。即人力资本水平在新型城镇化建设通过环境规制影响人均碳排放的前后路径中均具有正向调节影响，随着人力资本水平的提升，新型城镇化建设对环境规制的促进效应呈增强趋势，环境规制对人均碳排放的抑制效应逐渐显现。

表 4 – 11　　不同城市人力资本下中介效应回归结果

变量	直接调节	直接调节	环境规制	环境规制	基础设施建设	基础设施建设	能源效率
ER			-0.0208 (0.14)				
ER × labor			0.0266*** (0.00)				
FRA					0.1755*** (0.03)		
FRA × labor					0.0069 (0.76)		
EE							-0.1494*** (0.01)
EE × labor							0.0419*** (0.00)
DID	-0.6195*** (0.00)	0.4836*** (0.00)	-0.6397*** (0.00)	0.4681*** (0.00)	-0.7643*** (0.00)	-0.1958*** (0.00)	-0.6684*** (0.00)
labor	-0.6702*** (0.00)	-0.0234 (0.44)	-0.6631*** (0.00)	0.0478*** (0.00)	0.6991*** (0.00)	-0.0419 (0.04)	0.6997*** (0.00)
DID × labor	0.0541*** (0.00)	0.0221** (0.03)		0.0248*** (0.00)	-0.0049	0.47	
控制变量	是	是	是	是	是	是	是
R^2	0.3024	0.2415	0.3012	0.1839	0.2978	0.4819	0.3058

注：*、**、***分别表示在10%、5%、1%的水平上通过显著性检验。

　　在基础设施建设作为因变量模型中，试点政策与人力资本水平交互项的回归系数显著为正（见表4-11第4列）。在人均碳排放为因变量，基础设施建设作为核心解释变量模型中，基础设施建设促进了人均碳排放，基础设施建设与人力资本水平交互项的回归系数不显著（见表4-11第5列）。根据有调节的中介效应模型检验程序，城市人力资本水平在新型城镇化建设通过基础设施建设影响人均碳排放过程中的前半段具有正向调节作用，随着人力资本水平的提升，新型城镇化建设对基础设施建设的促进效应呈增强趋势。

　　在能源效率作为因变量模型中，试点政策与人力资本交互项对能源效率的回归系数不显著（见表4-11第6列）。在人均碳排放作为因变量，能源效率作为核心解释变量模型中，能源效率与人力资本水平交互项的回归系数显著为0.0419，能源效率的提升有利于降低碳排放，当人力资本水平提升时，该减排效应更为显著（见表4-11第7列）。即城市人力资本水平在新型城镇化建设通过能源利用效率影响人均碳排放的后半段具有正向调节影响，随着人力资本水平的提升，能源利用效率对人均碳排放的抑制效应呈增强趋势。

4.5　本章小结

　　本章为了解决新型城镇化建设如何影响碳排放，首先，提出新型城镇化建设通过加强环境规制、增加基础设施建设和提高能源利用效率影响碳排放，并进行机理分析和假说提出。其次，构建修正的中介效应模型对中介效应进行检验，构建EKC模型检验。在新型城镇化建设中，基础设施建设与人均碳排放呈非线性关系，并替换中介变量指标，对中介效应进行稳健性检验。最后，将异质性变量视为调节变量，运用有调节的中介效应模型对中介效应进行异质性分析。结果表明：

　　（1）新型城镇化建设通过加强环境规制、增加基础设施建设、抑制能源效率影响碳排放。其中新型城镇化建设通过加强环境规制抑制了碳排放，是当前主要的碳减排路径；新型城镇化建设通过增加基础设施建设加剧了碳排放；新型城镇化建设抑制能源利用效率的提升，弱化了能源利用效率提升产生的碳减排效果，上述传导机制的结论具有稳健性。

（2）在新型城镇化建设过程中，基础设施建设与人均碳排放呈倒"U"型关系。

（3）将城市人口规模、城市经济规模、城市人力资本水平、城市区域等异质性变量分样本回归与作为调节变量回归，得到的结论趋于一致，证明第3章直接政策效应异质性分析结论的稳健性，同时表明异质性变量可视为调节变量。

（4）新型城镇化建设对基础设施建设的促进效应、能源效率的抑制效应随市人口规模、经济规模的增加呈增强趋势；新型城镇化建设对基础设施建设和环境规制的促进效应随人力资本水平的提升呈增强趋势；环境规制对人均碳排放的抑制效应随城市人口规模、经济规模、人力资本水平的提升逐渐凸显；基础设施建设对人均碳排放的促进效应随城市人口规模的增加呈减弱趋势；能源利用效率对人均碳排放的抑制效应随人力资本水平的提升呈增强趋势。

（5）在东部地区，新型城镇化建设通过加强环境规制抑制人均碳排放，通过增加基础设施建设加剧了人均碳排放；在中部地区，新型城镇化建设部分通过加强环境规制、提高能源效率抑制了人均碳排放；在西部地区，三条路径均行不通。

第5章

新型城镇化建设与碳排放：环境规制的调节效应

第3章的研究表明新型城镇化建设对碳排放具有直接政策影响。第4章的研究表明，在新型城镇化建设影响碳排放的三条传导路径中：新型城镇化建设促进基础设施建设，加剧了碳排放；新型城镇化建设抑制能源利用效率的提升，能源利用效率的提升有利于降低碳排放；新型城镇化建设加强环境规制，环境规制在很大程度上抑制碳排放。即当前新型城镇化建设主要通过加强环境规制抑制碳排放，这是新型城镇化建设实现碳减排的主要路径，环境规制在新型城镇化建设与碳排放之间存在中介效应。那么环境规制在新型城镇化建设与碳排放之间是否也存在调节效应？新型城镇化建设对碳排放的影响在环境规制作用下发生何种变化？环境规制又是如何影响新型城镇化建设的碳减排效果？即新型城镇化建设实现碳减排的深层次作用机制是什么？这是需要进一步剖析的问题。因为政策的实施并不仅是对政策本身产生影响，而具有牵一发动全身的作用，因此需要明确环境规制作用碳排放的具体路径。该问题的解决，有利于制定和实施针对性的环境规制措施和新型城镇化建设政策，以实现"双碳"目标。故本章进一步将环境规制视为调节变量，探究新型城镇化建设作用碳排放的过程中是否受到环境规制的调节影响，从而进一步分析环境规制作用碳排放的深层次机理。

为何将环境规制视为调节变量而不继续视为中介变量深入开展本研究呢？首先，在第4章已明确环境规制存在中介效应，辅以环境规制与自变量调节效应的检验，确保结论的稳健性；其次，根据第4章环境规制中介传导机理可知，环境规制主要通过规模效应、结构效应、技术效应、对外开放等影响碳排放，假设继续将环境规制作为新型城镇化建设影响碳排放的中介变量，则新型城镇化建设通过影响环境规制，环境规制影响经济规模、产业结构等对碳排放产生作用，若一个模型中同时包含两个中介变量，则会降低模型的解释力；最后，将环境规制视为调节变量，构造有中介的调节效应模型，可将新型城镇化建设、环境规制和中介变量纳入同一分析框架，确保本书的核心解释变量仍为新型城镇化建设，同时便于深层次作用机理的实证研究。

基于上述分析，本章在对环境规制影响碳排放的作用机理进行分析的基础上，提出相应假说，构建调节效应模型进行环境规制的调节效应检验，构建有中介的调节效应模型检验环境规制实现碳减排的深层次机理，并基于环境规制约束下的调节效应模型对调节效应进行深入讨论。第4章已对新型城镇化建设通过环境规制影响碳排放的传导路径进行异质性分析，本章对环境规制的调节效应进行异质性分析，通过对比分析确保结论的稳健性。

5.1　环境规制影响碳排放的理论分析与研究假说

根据第4章环境规制中介传导机理的分析可知，环境规制主要通过经济集聚、产业结构、技术进步、对外开放、能源结构5条路径间接影响碳排放，但由于地市级能源结构数据的缺乏，无法对该路径的具体作用方向进行验证，故后文仅对经济集聚、产业结构、技术进步、对外开放4种路径进行深入的机理分析和实证检验。

5.1.1 环境规制、经济集聚与碳排放

1. 经济集聚影响碳排放的理论分析

新型城镇化建设在极大程度上促进了经济集聚，经济集聚具有各种正外部性，新型城镇化建设可通过经济集聚实现节能减排[①]。在新型城镇化建设过程中，经济集聚正由小规模向大规模发展，经济集聚的正向促进作用更为显著。集聚的企业共享治污设施，降低了企业单位治污成本，降低了流动成本，可通过信息交流、经验传授、互相学习等提高自身的技术水平，专业化分工更加细化，提高了专业化程度和生产效率，有利于提升能源效率。具体可用下面模型进行阐述。

西科尼（Ciccone）等基于经济密度的视角运用数理推导模型，解释了经济集聚为何具有溢出效应，并进行如下假定：每种生产要素在空间上均质分布；产出密度由区域面积、土地上的要素投入和经济产出共同决定；集聚外部性由产出密度决定[②]。西科尼等基于内生经济增长理论，将空间因素纳入框架，认为经济集聚可消除规模报酬递减的可能，后由学者对模型进行了简化[③]，如式（5.1）所示。

$$q_i = Q_i/A_i = \Omega[(n_i)^\beta k_i^{1-\beta}]^\alpha (Q_i/A_i)^{(\lambda-1)/\lambda} \tag{5.1}$$

式（5.1）中，A_i 为第 i 个研究样本的区域面积，Q_i 为非农产值，q_i 为产业密度，反映了当地第二、第三产业的集聚水平；n_i 为该地区单位面积上的劳动力投入，即非农就业人口；k_i 表示该地区资本投入密度，即资本投入总额与区域土地面积之比；Ω 表示希克斯中性参数；$\beta(0 < \beta < 1)$

① 邵帅，张可，豆建民. 经济集聚的节能减排效应：理论与中国经验 [J]. 管理世界，2019，35（1）：36 - 60.
② Ciccone A.，Hall R. E. Productivity and the Density of Economic Activity [J]. *Social Science Electronic Publishing*，1993，4313（4）：1 - 39.
③ Ushifusa Y.，Tomohara A. Productivity and Labor Density：Agglomeration Effects over Time [J]. *Atlantic Economic Journal*，2013，41（2）：123 - 132.

表示劳动力投入对 q_i 的贡献率；$\alpha(0 < \alpha < 1)$ 表示资本和劳动共同投入对 q_i 的贡献率；λ 表示 q_i 系数。

产出密度模型考虑了空间影响，提出了消除规模报酬递减的可能，引入了乘项 $(Q_i/A_i)(\lambda-1)/\lambda$ 用以反映空间集聚效应。由于 α 反映了投入的资本和劳动力对产出密度的综合贡献率，根据新古典经济增长模型，要素边际生产率呈规模报酬递减趋势，因为在技术一定的情况下，土地供给也是相对稳定的，只能增加资本和劳动力的投入，随着两种投入的增加，资本与劳动的投入比例可能偏离最优配置水平，从而降低了要素的生产效率，导致边际产出水平的下降。经济集聚的外部性是由系数 λ 和弹性 $(\lambda-1)/\lambda$ 决定，为规模报酬递增提供了可能，λ 受经济发展水平的影响，且值越大表示经济溢出效应越显著。当经济发展较低时，λ 值较小，此时仍呈规模报酬递减的趋势，即经济集聚的外部性不足以弥补生产要素下降带来的损失；当经济发展较高时，λ 值足够大，使得 $\alpha\lambda > 1$，则呈现出规模报酬递增的可能，此时经济集聚的外部性效用更强。由此可知，生产密度函数将生产要素投入和经济活动的集聚效应纳入同一分析框架，为经济集聚对经济的影响提供了分析框架。但上述产出密度函数未考虑环境因素影响，在当今环境对人类影响愈发重要的情况下，对人类活动的解释存在一定的局限性。

有学者基于环境影响考虑，在产出密度模型中加入环境投入要素，用以解释经济集聚对环境的影响。在本书中，将碳排放总量作为投入要素，构建生产密度函数模型，假定 c_i 为单位面积的碳排放量，其表达式如式 (5.2) 所示[①]。

$$q_i = Q_i/A_i = \Omega\left[(n_i)^\beta k_i^l p_i^{1-\beta-\lambda}\right]^\alpha (Q_i A_i)^{(\lambda-1)/\lambda} \tag{5.2}$$

式 (5.2) 中，$l(0 < \beta + l < 1)$ 为单位资本投入对 q_i 的贡献率；α 为综合要素投入对 q_i 的贡献率。

---

① 李治国，王杰. 黄河流域经济集聚的碳强度时空跃迁效应研究 [J]. 华东经济管理，2020，34（9）：61-71.

假设资本流动不受限制，在市场均衡状态下，所有地区资本的边际产出与价格相等皆为利率。此时资本的密度函数如式（5.3）所示。

$$k_i = \frac{K_i}{A_i} = \frac{\alpha l}{r}\frac{Q_i}{A_i} \tag{5.3}$$

将式（5.3）代入式（5.2）中可以得到式（5.4）。

$$\frac{Q_i}{A_i} = \Omega^{\frac{\lambda}{1-\alpha\lambda}} \left(\frac{Q_i}{N_i}\right)^{\frac{-\alpha\beta\lambda}{1-\alpha\lambda}} \left(\frac{P_i}{Q_i}\right)^{\frac{\alpha(1-\beta-l)\lambda}{1-\alpha\lambda}} \left(\frac{\alpha l}{r}\right)^{\frac{\alpha l\lambda}{1-\alpha\lambda}} \tag{5.4}$$

将式（5.4）两边同时取对数可得式（5.5）。

$$\ln\left(\frac{C_i}{Q_i}\right) = \Phi + \frac{\beta}{\alpha(1-\beta-l)}\ln\left(\frac{Q_i}{N_i}\right) + \frac{1-\alpha\lambda}{\alpha(1-\beta-l)}\ln\left(\frac{Q_i}{A_i}\right) \tag{5.5}$$

其中，$\Phi = \dfrac{1}{\alpha(l+\beta-1)}\ln\Omega + \dfrac{l\lambda}{l+\beta-1}\ln\left(\dfrac{\alpha l}{r}\right)$。

式（5.5）说明碳排放受到经济集聚的显著影响，经济集聚可产生节能减排效应，经济集聚对碳排放的回归系数即为 $(1-\alpha\lambda)/\alpha(1-l-\beta)$。

根据上述推理可得，当 $1<\lambda<1/\alpha$ 时，经济处于快速发展阶段，经济规模快速扩张，产业结构以第二产业为主导，尽管此时经济集聚也存在知识、技术等溢出效应，但经济规模扩张消耗的能源更多，抵消了经济集聚的正外部性，经济发展占主导地位，环境规制强度偏低，经济集聚主要表现为不经济性，此时经济集聚对碳排放总量的增加具有积极影响。当 $\lambda > 1/\alpha$ 时，经济发展到较高水平，人们对环境质量的重视程度提高，环境规制强度增强，区域经济集聚和城市经济集聚水平较高，产业主要以第三产业为主导，经济集聚有利于知识和技术的溢出效应，提高清洁技术水平，同时通过共享基础设施、共享治污设施等，有利于节约成本和降低治污成本，提高环境监管效率，此时经济集聚有利于降低碳排放。

2. 经济集聚在环境规制与碳排放中的作用分析

随着新型城镇化的建设，对环境的重视程度提高，环境规制作为重要的环境保护措施，对经济集聚的影响显著增强。经济集聚在环境规制与碳排放中的作用渠道主要有以下几个方面：一是创新补偿效应和遵循成本效应。随着环境规制的加强，企业需要消耗部分生产成本用于技术研发或治污设备的引进，增加了企业生产成本，但对有实力的企业来说，在预期环境规制加强的趋势下，企业倾向于选择研发清洁技术，由技术进步带来的收益可抵消部分研发成本，带来"创新补偿效应"，处于区域内或城市内的经济集聚，可通过相互学习获得清洁技术，有利于降低碳排放。但对于高污染的小企业，环境规制的实施增加了额外成本，为了解决污染问题，一般选择末端治理技术的提升，即引进治污处理设备，环境规制造成了"遵循成本效应"，尽管经济集聚具有正外部性，但随着末端治理技术的提升，溢出效应不显著，且制约企业技术创新，在利润驱动下，企业通常会进一步增大产能，造成更大的碳排放[1]。二是成本分摊效应。面对较为严厉的环境规制，企业可能会选择通过经济集聚降低成本。因为经济集聚的正外部性可以降低运输成本、劳动力搜寻成本或设施建设成本等，也可通过经济集聚享受知识和技术的溢出效应、提高生产工艺、共享清洁生产设备、治污设备等，分摊环境规制成本，产生环境规模效应[2]，政府部门也会采用产业园区等方式进到产业进行集聚，以达到抱团分摊成本的目的。三是竞争效应。环境规制标准的提升增加了企业内化成本，出于市场竞争的考虑，有能力企业选取主动方式进行创新投资，对环境规制敏感的小企业可能会淘汰，强化细化专业分工，集聚程度进一步加强，有利于提高资源利用效率，从而降低碳排放[3]。但经济集聚在增加企业竞争力的同时，也可能使得企业通过规模扩张或节约成本等手段继续保持竞争优势，此时高能耗企业的集聚将增加能源消耗总量，环境规制通过经济集聚促进了碳排放。四是门槛效应。高标准的环境规制一方面形成壁垒阻止外地企业进入，另一方面约束了本地企业，对于高污染、高能耗企业在利润的驱使下

① 雷玉桃，孙菁靖，黄征学. 城市群经济、环境规制与减霾效应——基于中国三大城市群的实证研究 [J]. 宏观经济研究，2021（1）：131-149.
② 丁斐，庄贵阳，刘东. 环境规制、工业集聚与城市碳排放强度——基于全国 282 个地级市面板数据的实证分析 [J]. 中国地质大学学报（社会科学版），2020，20（3）：90-104.
③ 孔海涛，于庆瑞，张小鹿. 环境规制、经济集聚与城市生产率 [J]. 经济问题探索，2019（1）：75-87.

可能向环境规制较弱的地方流出，从而使环境规制较弱的地方成为"污染天堂"，集聚格局由此发生改变①。由此提出假说5.1。

假说5.1：环境规制通过经济集聚有利于降低碳排放。

5.1.2 环境规制、产业结构高级化与碳排放

1. 产业结构高级化影响碳排放的理论分析

《规划》中明确指出要改造传统产业，优化产业结构升级，提升第三产业主导地位。产业结构高级化既指传统产业的结构调整，产品技术含量提升，又指从第一产业为主导向第二产业为主导再到第三产业为主导的发展过程，表现为产业结构比例关系的改变和生产效率的提高②。新型城镇化建设有必要促进产业结构高级化。

格鲁斯曼（Crossman）和克鲁格（Krueger）认为经济增长对环境的影响不是由单一因素决定的，而是规模、结构和技术的共同作用③。当经济发展处于起步阶段时，人们首先注重物质生活的提升和消费物品的满足，经济发展规模呈显著扩张趋势，且主要以第二产业为主，规模效应最为显著，规模的扩张增加了能源消费需求，导致碳排放显著增加；当经济规模已经形成，规模效应不再显著，人们开始重视生活质量和环境保护，意识到技术创新的重要性，将更多资金用于清洁技术研发，推进技术进步，促进产业结构升级，且以第三产业为主导，此时结构效应和技术效应更为显著，有利于降低碳排放④。在影响碳排放的诸多因素中，如能源结

---

① 李炫榆，宋海清，李碧珍．集聚与二氧化碳排放的空间交互作用——基于空间联立方程的实证研究［J］．山西财经大学学报，2015，37（5）：1－13．

② 韩永辉，黄亮雄，王贤彬．产业结构优化升级改进生态效率了吗？［J］．数量经济技术经济研究，2016，33（4）：40－59．

③ Grossman G. M.，Krueger A. B. Economic Growth and the Environment［J］. *Nber Working Papers*，1995，110（2）：353－377．

④ 程中华，刘军，李廉水．产业结构调整与技术进步对雾霾减排的影响效应研究［J］．中国软科学，2019（1）：146－154．

构、技术进步、产业结构、经济发展等，其中产业结构变动起着决定性作用；当以能源消费为主的第二产业占主导地位时，将会消耗大量化石能源产生较多碳排放，当以第三产业为主导时，能源消耗总量相对较低，也在一定程度上有利于降低碳排放①。因此，产业结构高级化推动了第三产业规模的扩大，有利于低碳城市建设，这就是结构效应。

有学者提出了"结构红利假说"，指出产业结构是由生产要素在部门间流动造成的，这种资源的重新配置提高了要素生产效率，有利于增加产出水平。产业结构高级化主要通过以下三种途径影响碳排放：第一，产业结构高级化推动了生产要素由效率低的部门向效率高的部门流动，使得要素生产从资源密集型行业向资本和技术密集型行业转移，促进了要素高级化，不仅提高了能源效率，对化石能源需求总量减少，有利于降低碳排放；第二，产业结构高级化促进了生产部门的专业化和细化，使得细分后的产业之间联系更加紧密，迫使淘汰落后产能，保留高技术、高附加值的企业，通过优化企业技术关联，促进清洁技术发展，提高能源利用效率，有利于降低碳排放②；第三，产业结构升级不仅有利于要素的优化配置，还可以提高劳动生产率，促进产业协调发展，推动经济发展，经济发展可以提供充足的资金、技术储备、产业基础发展清洁能源、新能源③。

布鲁克（Brook）和泰勒（Taylor）基于数理推导模型，对产业结构变动如何影响碳排放进行阐述，由此提出绿色索洛模型，该模型假定碳排放与单位产出正相关，即在 t 时点的碳排放 P_t、碳排放强度 N_t、产出 Y_t 满足式（5.6）④。

① 仲伟周，姜锋，万晓丽. 我国产业结构变动对碳排放强度影响的实证研究 [J]. 审计与经济研究，2015，30（6）：88-96.
② 张琳杰，崔海洋. 长江中游城市群产业结构优化对碳排放的影响 [J]. 改革，2018（11）：130-138.
③ 王淑英，卫朝蓉，寇晶晶. 产业结构调整与碳生产率的空间溢出效应——基于金融发展的调节作用研究 [J]. 工业技术经济，2021，40（2）：138-145.
④ Brock W A, Taylor M S. The Green Solow Model [J]. *Social Science Electronic Publishing*, 2004，8（5）：16-60.

$$P_t = N_t Y_t \qquad (5.6)$$

假设碳排放的增长率为 $g_{P,t}$，碳排放强度的增长率为 $g_{N,t}$，产出的增长率为 $g_{Y,t}$，清洁技术的进步导致碳排放强度 $g_{N,t}$ 为负，以固定速率下降（$-g_A$），对式（5.6）两边时间求导，可以得到式（5.7）。

$$g_{P,t} = g_{N,t} + g_{Y,t} = -g_A + g_{Y,t} \qquad (5.7)$$

据此可知，当经济处于高速发展阶段时，$g_{Y,t}$ 为正且值较大；当经济发展到一定阶段，发展速度放缓，$g_{Y,t}$ 仍为正并稳定在一个较低水平，此时 g_A 可能大于 $g_{Y,t}$，则 $g_{P,t}$ 先为正后为负，表现为碳排放量的增长速率呈先上升后下降的趋势，但碳排放总量仍可能增长。

在绿色索洛模型中，污染强度假定为负值，但缺乏相应的解释。发达国家的经济发展和环境质量数据显示：经济增长率并非呈下降趋势，而是稳定在一定水平；碳排放强度的变化率也非为固定的负值。可从产业结构角度对碳排放的变化进行解释。斯特凡斯基（Stefanski）研究了产业结构由农业部门向非农部门转移过程中碳排放的变化，未考虑第三产业，存在一定限制①。本书在上述模型的研究思路基础上，借鉴赵秀娟的研究②，将经济生产部门划分为农业 A、工业 B 和服务业 C，在 t 时点每部门 i 的碳排放为 $P_{i,t}$，每部门的单位产出碳排放为 $n_{i,t}$，三个部门的总碳排放为 P_t，每部门的产出为 $Y_{i,t}$，三个部门的总产出为 Y_t，三个部门的单位产出碳排放为 N_t，碳排放与产出呈线性正相关；$r_{i,t}$ 为每个部门的产出占总产出的比重，则存在式（5.8）所示关系。

$$\begin{aligned} P_{i,t} &= n_{i,t} Y_{i,t} \\ r_{i,t} &= Y_{i,t}/Y_t \end{aligned} \qquad (5.8)$$

再假定三个部门碳减排技术导致的下降速率一致设为 g_A，即式（5.9）。

① Stefanski R. L. Essays on structural transformation in international economics [J]. *Dissertations & Theses Gradworks*, 2009（7）：1 – 24.

② 赵秀娟，张捷. 基于绿色索洛模型的产业结构变动对碳排放影响——以广东省为例的实证研究 [J]. 产经评论, 2015, 6（3）：38 – 53.

$$n'_{i,t} = -g_A n_{i,t} \qquad (5.9)$$

其中，$n'_{i,t}$为碳排放强度对时间求导后的一阶导数，即增长率。

假设部门碳排放强度表现为：工业 > 服务业 > 农业，即式（5.10）。

$$n_{B,t} > n_{C,t} > n_{A,t} \qquad (5.10)$$

在索洛模型中的假设为：当产业结构不发生变化时，三个部门的碳排放强度的变化率一定，且呈下降趋势。当产业结构发生转移时，三部门的碳排放强度不仅取决于每部门的碳排放强度，还取决于三部门产出比重的变化，由于产业结构的调整，整体的碳排放强度并不总是以稳定速率下降。三部门的碳排放总量为式（5.11）。

$$P_t = N_t Y_t = \frac{P_t}{Y_t} Y_t = \left(\frac{\sum_i P_{i,t}}{Y_t} \right) Y_t = \left(\frac{\sum_i n_{i,t} Y_{i,t}}{Y_t} \right) Y_t = \left(\sum_i n_{i,t} r_{i,t} \right) Y_t$$

$$(5.11)$$

对式（5.11）两边取对数，并进行时间的一阶求导，结合 $r_{A,t} + r_{B,t} + r_{C,t} = 1$ 和 $r'_{A,t} + r'_{B,t} + r'_{C,t} = 0$，求得三部门总的碳排放的增长率为式（5.12）。

$$g_{P,t} = g_{Y,t} + g_{N,t} = g_{Y,t} - g_A + \frac{r'_{B,t}(n_{B,t} - n_{A,t}) + r'_{C,t}(n_{C,t} - n_{A,t})}{r_{B,t}(n_{B,t} - n_{A,t}) + r_{C,t}(n_{C,t} - n_{A,t}) + n_{A,t}}$$

$$(5.12)$$

式（5.12）将碳排放总量的增长率分解为规模效应（$g_{Y,t}$）、技术效应（$-g_A$）和结构效应 $\left[\frac{r'_{B,t}(n_{B,t} - n_{A,t}) + r'_{C,t}(n_{C,t} - n_{A,t})}{r_{B,t}(n_{B,t} - n_{A,t}) + r_{C,t}(n_{C,t} - n_{A,t}) + n_{A,t}} \right]$。

由式（5.12）可知，当技术效应不变时，农业比重下降，工业和服务业比重上升，增长速率较快，即 $r'_{B,t} > 0$ 且 $r'_{C,t} > 0$，在碳排放强度关系中，$(n_{B,t} - n_{A,t}) > 0$ 且 $(n_{C,t} - n_{A,t}) > 0$，所以初始的结构效应为正；当结构效应较技术效应更为显著时，则存在 $g_{P,t} > 0$，此时碳排放总量呈上升趋势；当结构效应仍为正，但与技术效应保持平衡时，此时总碳排放的增长率取决于经济增长速度，经济处于高速发展阶段，总碳排放的增长率大于0，碳排放总量仍在增加。在产业结构由工业B向服务业C转移的过程中，工业产出占比呈下降趋势，服务业产出占比呈上升趋势，且服务业占比增长较为显著，即 $r'_{B,t}<0$ 且 $r'_{C,t}>0$，碳排放强度关系不发生变化，此时结构效应为负值，对总碳排放的增长率具有抑制作用，此阶段前期经济处于快速增长阶段，存在 $g_{Y,t}>0$，规模效应的增长率大于其他两者增长率之和，碳排放总量仍呈增长趋势；此阶段后期经济发展速率放缓，且稳定在一个较低的水平，规模效应的增长率等于其他两者增长率之和，碳排放增长率为0，碳排放总量达到峰值；规模效应的增长率小于其他两者之和时，碳排放增长率为负，当结构效应继续向高级化发展时，碳排放增长率的绝对值增大，碳排放总量呈下降趋势。

综上所述，在技术进步一定的条件下，经济发展速度由高速发展向中高速发展再稳定在一定水平时，碳排放总量的增长率最后主要取决于产业结构的调整。在由工业向服务业转移，服务业快速发展过程中，结构效应对碳排放总量的抑制作用十分显著，即产业结构高级化有利于降低碳排放总量。

2. 产业结构升级在环境规制与碳排放中的作用分析

环境规制可以通过影响微观企业的行为进而引导当地产业结构布局。地区间的环境规制强度存在差异，高污染、高能耗企业受环境规制的影响较大，出于环境成本考虑，这些企业可能转移至环境管制相对宽松的地区，新兴产业、高技术产业等清洁产业受到环境规制的影响较小，因此，在环境规制强度较高的地区，清洁产业进一步发展，高能耗企业被淘汰，或向环境管制相对弱的地区转移，由此地区产业结构发生改变。而环境规制通过产业结构影响碳排放的因素可归纳为生产成本、进入壁垒、技术创新、替代效应、消费需求等。

环境规制增加了企业生产成本，通过优胜劣汰，推动产业结构优化，有利于抑制碳排放总量的增加。环境污染在性质上属于公共物品，需要政府采取环境措施加以解决，将企业排污治理成本内部化，导致了企业生产成本的增加，为了在市场上获得竞争优势，企业需要对其技术水平、管理水平或生产工艺进行革新，以弥补增加的治污成本①。当环境规制较弱时，企业基于预期收益的考虑，一般会选择采用末端治理技术水平的提升，购买治污设备可能会挤占技术研发投资，阻碍技术进步，不利于产业结构升级；当提高环境规制标准后，由于生产成本的增加，高能耗的小企业无法承担高额的治污成本或研发资金投入，将被迫淘汰或向环境规制弱的地区转移，对于清洁企业或资本雄厚的大企业，在高环境规制的约束下，一般会选择技术研发、生产工艺改进等技术手段应对环境治理，技术进步带来的收益将部分抵消环境规制成本，促使企业进一步发展，推动地区产业结构优化升级。由此可知，高标准的环境规制可以通过增加生产成本实现产业结构优化升级②。

环境规制对高污染、高能耗企业形成绿色"进入壁垒"，限制了这些产业的发展，有利于清洁性、高技术产业规模的扩张，促进产业结构优化升级，从而抑制碳排放的增加。高标准的环境规制，既提高了传统产业的准入门槛，抑制了高能耗企业的大量迁入，又对进入的新企业增加了生产成本，要求企业配置治污设备，丧失竞争优势，阻碍了具有高能耗、高污染特点的新企业的进入，从而优化了当地的产业结构。同时，环境规制的实施有利于高技术产业的引入和培育，在政策的引导下，金融资金更多流向低碳环保产业，促进了高技术产业的发展壮大，而政府也可以将环境税收用于补贴高技术产业，增强其竞争优势③。在高标准环境规制的制约下，高能耗企业呈减少趋势，绿色低碳和高技术产业呈增加趋势，产业结构的优化升级显著抑制了碳排放。

环境规制通过"创新补偿"效应推动技术创新，倒逼产业结构高级化，提高碳生产率。"波特假说"认为，严格且适当的环境规制能够激发

---

① Ambec S., Cohen M. A., Elgie S., et al. The Porter Hypothesis at 20: Can Environmental Regulation Enhance Innovation and Competitiveness? [J]. *Review of Environmental Economics & Policy*, 2013, 7 (1): 2 – 22.

② 郭然，原毅军. 环境规制、研发补贴与产业结构升级 [J]. 科学学研究，2020，38 (12): 2140 – 2149.

③ 谢婷婷，郭艳芳. 环境规制、技术创新与产业结构升级 [J]. 工业技术经济，2016，35 (9): 135 – 145.

企业技术进步，产生"创新补偿效应"，可弥补环境治理成本，提升企业竞争力。技术进步有利于促进生产要素从效率低的部门向效率高的部门转移，淘汰低效率部门，推动产业结构升级①。在高标准的环境规制下，企业为了抢占市场先机，必须增加企业研发创新资金投入，促进技术进步，以技术推动产业优化升级。

高能耗企业或产业向环境规制较弱的地区转移，形成替代效应，导致本地区以服务业为代表的清洁性产业比重下降，抑制产业高级化发展，增加了碳排放。由于地区间的经济发展水平不同，在环境规制约束下，经济相对发达地区对环境质量的要求相对较高，实施高标准的环境规制，而这些地区的高能耗产业为了规避环境治理成本，转移至经济欠发达、环境标准相对较低的地区，影响地区产业结构，高经济发展水平区主要以低碳产业为主，低经济发展水平区则主要以高能耗企业为主，地区的碳排放发生显著变化②。

环境规制促进了绿色消费需求，推动绿色服务业发展，优化产业结构，有利于降低碳排放。环境规制的实施有利于推广绿色消费理念，提高消费者的节能减排意识，增加消费者对节能产品的需求，倒逼企业生产节能产品。环境规制提高了绿色产品信息的透明度，降低了生产者与消费者之间的信息不对称，促进绿色产品规模的扩张，绿色消费的增加将带动绿色服务的发展，挤压非绿色产品的市场空间，在绿色产品市场竞争的压力下，倒逼企业进行绿色技术的创新，增加绿色投资，扩大绿色产品生产规模，优化产业结构，有利于降低碳排放③。根据以上分析，可提出假说5.2。

假说5.2：环境规制通过产业结构高级化抑制碳排放。

---

① Ngai L. R. , Pissarides C. Structural change in a multi – sector model of growth [J]. *LSE Research Online Documents on Economics*, 2007, 97（1）: 429 – 443.

② 范玉波，刘小鸽. 基于空间替代的环境规制产业结构效应研究 [J]. 中国人口·资源与环境，2017, 27（10）: 30 – 38.

③ 郑加梅. 环境规制产业结构调整效应与作用机制分析 [J]. 财贸研究，2018, 29（3）: 21 – 29.

5.1.3　环境规制、技术进步与碳排放

1. 技术进步影响碳排放的理论分析

《规划》中明确指出创新是经济发展的重要动力，也是推动新型城镇化发展的助力，有利于实现碳减排目标。技术进步对产业结构优化升级具有积极促进作用，会为企业带来先进的生产工艺和节能减排技术，促进能源效率的提升，有利于降低碳排放。绿色技术进步在促进经济增长的同时，主要侧重于清洁技术的研发、清洁产品的开发、清洁能源的使用，对碳排放具有显著的抑制影响。

本书为了探讨技术进步与碳排放的关系，参考阿吉翁（Aghion）和豪易特（Howitt）的研究，构建了三部门模型，包括中间产品、最终产品和研发部门。消费者的效用函数可表示为式（5.13）[①]。

$$U = \int_0^{+\infty} e^{-rt} c_t \mathrm{d}t \qquad (5.13)$$

式（5.13）中，r 为市场利率；c_t 为在 t 时刻消费者的消费量。最终产品函数为式（5.14）。

$$Y_{it} = (A_{it} L_{it})^{1-\alpha} \sum_1^{N_i} (q_{ijt} x_{ijt})^\alpha \qquad (5.14)$$

式（5.14）中，A_{it}、Y_{it}、L_{it} 分别为 t 时刻的技术进步、最终产品和劳动力投入；x_{ijt}、q_{ijt} 分别为区域 i 的第 j 种中间品和技术进步；最终产品可用于投资、消费和中间产品的生产。为了便于说明，假设 1 单位最终产品可生产 1 单位的中间产品。

假设碳排放取决于碳排放强度和产品数量，只有在中间产品生产的过程中，才会有碳排放的产生，不同中间产品部门产生的碳排放也存在差

---

① 申萌，李凯杰，曲如晓. 技术进步、经济增长与二氧化碳排放：理论和经验研究 [J]. 世界经济，2012，35（7）：83 - 100.

异，可用式（5.15）表示。

$$E_{ijt} = \beta_{it} q_{ijt}^{\lambda} x_{ijt} \qquad (5.15)$$

式（5.15）中，E_{ijt} 为 i 区域 j 部门在 t 时点的碳排放量；β_{it} 为 t 时刻 i 区域的单位能源排放系数；q_{ijt}^{λ} 为部门碳排放强度，衡量了技术进步的碳减排效应，与产品技术产量和技术进步弹性 λ 正相关。其他因素不发生变化，技术进步变化1%时，碳排放变化的百分比，即为碳排放的技术弹性。为了方便计算，假设在同一区域内各部门的技术弹性相同，皆为技术弹性的平均值。

在完全竞争市场下均为 $1/(1-\alpha)$；因此，中间品的价格恒定可设为 p_{ijt}，满足式（5.16）的函数关系。

$$p_{ijt} = 1/\alpha \qquad (5.16)$$

式（5.16）表明中间品的价值与技术水平无直接联系。根据最终产品的生产函数可得到中间产品的需求曲线，而中间产品的生产量可用函数关系式（5.17）表示。

$$x_{ijt} = \alpha^{2/(1-\alpha)} A_{it} L_{it} q_{ijt}^{\alpha/(1-\alpha)} \qquad (5.17)$$

将式（5.17）代入式（5.14）可得到 GDP 的函数表达式为式（5.18）。

$$GDP_{it} = Y_{it} - \sum_{1}^{N_i} p_{ijt} x_{ijt} = \alpha^{2\alpha/(1-\alpha)} (1-\alpha) A_{it} L_{it} \sum_{1}^{N_i} q_{ijt}^{\alpha/(1-\alpha)} \quad (5.18)$$

将式（5.18）代入式（5.15）得到碳排放函数式（5.19）。

$$E_{it} = \sum_{j=1}^{N_i} E_{ijt} = \Omega \beta_{it} A_{it} L_{it} \sum_{1}^{N_i} q_{ijt}^{\alpha/(1-\alpha)+\lambda} \qquad (5.19)$$

式（5.19）中，$\Omega = \alpha^2/(1-\alpha)$，$i$ 区域的总碳排放取决于劳动力投入和技术进步。i 区域在 t 时点碳排放强度满足式（5.20）和式（5.21）。

$$\frac{E_{it}}{GDP_{it}} = \alpha^2 (1-\alpha)^{-1} \beta_{it} \sum_{j=1}^{N_i} q_{ijt}^{\lambda} \qquad (5.20)$$

$$E_{ijt} = \beta_{it} GDP_{it} \alpha^2 (1-\alpha)^{-1} q_{ijt}^{\lambda} \qquad (5.21)$$

根据式（5.21）可将碳排放分解为能源结构效应（β_{it}）、规模效应

（GDP_{it}）和技术进步（$\alpha^2(1-\alpha)^{-1}q_{ijt}^{\lambda}$）。从中可以看出，在能源结构不变的情况下，经济增长促进碳排放，技术进步对碳排放的影响与 λ 值有关。当 $\lambda < 0$ 时，技术进步有利于促进碳减排；当 $\lambda > 0$ 时，技术进步不利于碳减排。当技术进步主要侧重于绿色技术进步时 $\lambda < 0$。

2. 技术进步在环境规制与碳排放中的作用分析

环境规制通过生产端和消费端对技术进步产生影响。在生产端，当未实施环境管制时，出于机会成本考虑，企业一般不会将资金用于技术进步，不利于碳排放的下降[①]。在环境政策实施后，企业必须承担相应的环境成本，可通过两种途径应对环境规制，一种是缴纳排污罚款等被动方式，另一种是采用主动的技术创新、生产工艺创新等手段，其中主动方式较为昂贵。当环境标准较低时，企业可能倾向于选择被动方式应对环境规制，但当环境规制标准较高时，企业预期未来环境规制将会在较长时间内实施且呈增强趋势，企业有两种选择：一是"治污技术进步效应"，即增加末端治理支出；二是"创新补偿效应"，即通过绿色技术创新或生产工艺改进，提高生产要素效率[②]。

针对不同的环境规制强度，企业技术进步的选择取决于发展规模和未来经济预期，但大企业为了获取利益的最大化，一般会选择技术创新，将更多资金用于研发投入，以获取市场占有先机[③]。当政府实施环境规制时，企业需要支付环保成本，如果企业选择进行节能技术研发，将挤占生产资源，且未来收益风险较高，导致企业生产成本的增加，在短期内企业可能选择"治污技术进步"，只是增加了治污支出，对能源效率的提升并没有改进作用，对绿色技术进步的作用也不显著；当企业率先进行节能技术研

① 刘祎，杨旭，黄茂兴. 环境规制与绿色全要素生产率——基于不同技术进步路径的中介效应分析 [J]. 当代经济管理，2020，42（6）：16 - 27.
② 蒋伏心，王竹君，白俊红. 环境规制对技术创新影响的双重效应——基于江苏制造业动态面板数据的实证研究 [J]. 中国工业经济，2013（7）：44 - 55.
③ 颜青，殷宝庆. 环境规制工具对绿色技术进步的差异性影响 [J]. 科技管理研究，2020，40（12）：248 - 254.

发，则有可能获得先行者优势，通过技术进步提高能源效率，降低产品成本，有利于降低碳排放。

在消费端，由于环境规制的存在，政府对节能产品的积极宣传或价格补贴，消费者倾向于增加对绿色产品或节能产品的购买，扩大绿色产品生产规模和绿色服务产业的发展，在消费需求的驱动下，企业倾向于生产符合环保标准的绿色产品。为了获得竞争优势，企业也需要采取主动方式，尤其是研发绿色技术扩大市场份额。在这种趋势下，无法进行研发的企业将被市场淘汰或向环境规制弱的地区转移，大企业在绿色技术进步的影响下，扩大生产规模，市场份额增加，推动了产业结构升级，有利于降低碳排放。且环境规制的实施，引导消费者购买节能产品，有利于提高能源利用效率，降低碳排放。而实施新型城镇化试点的地区经济发展水平相对较高，环境规制标准也相对较高，在该区域内，企业也多选择研发技术创新。

但环境规制也有可能不利于技术进步。一是创新资金的挤出效应。技术创新需要大量的资金投入，环境规制增加了企业生产成本，为了弥补环境规制造成的成本压力，企业可能缩减研发资金投入。二是投资挤出效应。在高标准的环境规制下，企业为了规避成本或获得生产许可，将企业迁移至环境规制相对宽松的地区，迫使企业增加生产成本和投资成本，逐渐丧失市场竞争力，为了继续生产，企业可能倾向于转移至规制水平低的地区，高污染、高能耗产业的转移降低当地投资和创新投入份额。企业在预期环境规制在较长时间内存在并趋于严格的情况下，更倾向于采用主动方式降低碳排放，即"创新补偿效应"更为显著。由此提出假说 5.3。

假说 5.3：环境规制通过技术进步有利于抑制碳排放。

5.1.4　环境规制、对外开放与碳排放

1. 对外开放影响碳排放的理论分析

国内外众多学者对环境与对外开放两者关系进行了深入的研究。主流

观点有三种：一是"污染避难所"假说，该假说认为发达国家环境规制标准相对较高，高能耗企业为了降低生产成本，可能将该产品或生产环节转移至发展中国家，而东道国出于经济发展考虑，环境规制标准相对较低，吸引国外投资，增加了东道国的碳排放[①]；二是"污染光环"假说，该假说认为发达国家技术水平较高，环境标准也相对较高，转移高能耗产业的同时，也将清洁技术、先进的管理经验或先进的设备引入发展中国家，在为发展中国家经济发展做贡献的同时，也推动了该国的技术进步，有利于降低碳排放[②]；三是"贸易中性"假说，该假说认为对外开放通过规模效应、结构效应和技术效应对碳排放产生影响[③]。当规模效应占主导地位，产业结构以第二产业为主时，技术效应更多表现为"回弹效应"，经济规模快速扩张，能源消耗总量显著增加，此阶段产生大量的碳排放；当经济发展趋于相对稳定时，经济发展达到较高水平，产业结构向第三产业转移，人们对环境质量的需求提高，加大清洁技术的研发投入，在规模效应等于两者之和时，碳排放达到峰值，当结构效应和技术效应更为显著时，则有利于降低碳排放。

也有诸多学者基于"环境库兹涅茨曲线（EKC）"探究对外开放与碳排放之间的关系。但苏瑞（Suri）等认为，EKC曲线的左侧是由于发展中国家产品出口造成的，EKC曲线的右侧是发达国家进口产品导致的。事实上，各个国家并不是相互独立的，而是有相互的贸易往来。"污染天堂假说"认为经济发达的国家主要生产低能耗、低污染的产品，而发展中国家主要生产高能耗、高污染的产品，所以发展中国家的能耗污染较为严重[④]。其另一层含义是发达国家出于环境考虑，可能将高能耗企业转移至发展中

① Arrow K. J. The economic implication of learning by doing [J]. *Review of Economic Studies*, 1962, 29 (3): 155 – 173.

② 党玉婷. 贸易与外商直接投资对中国碳排放的影响——基于面板 ARDL 方法的实证检验 [J]. 中国流通经济, 2018, 32 (6): 113 – 121.

③ Grossman G. M., Krueger A B. Environmental Impacts of a North American Free Trade Agreement [J]. *CEPR Discussion Papers*, 1992, 8 (2): 223 – 250.

④ Suri V, Chapman D. Economic growth, trade and energy: Implications for the environmental Kuznets curve [J]. *Ecological Economics*, 1998, 25 (2): 195 – 208.

国家，而发展中国家出于经济发展考虑，愿意引进国外高能耗产业，发达国家进口高能耗产品，出口低能耗产品，降低了本地的碳排放，增加了东道国的碳排放。在该假说中，环境规制是一个关键影响因素，决定了国际贸易流向，以进一步确定环境规制对国际贸易流向的影响或贡献①。

"资源禀赋假说"认为发达国家因其资本充足主要生产污染密集型产品，发展中国家因劳动力充足主要生产低能耗产品。上述两种假说得到相反的结论，而"污染天堂假说"已被众多学者验证，但"资源禀赋假说"具有一定的局限性，没有考虑到发达国家可以将资本投资于环境规制标准相对较低的发展中国家，因此后者更进一步验证了前者。现实情况是发达国家的环境规制强度较高，发达国家出于成本和劳动力考虑，把高能耗产业转移到我国，同时也转移了低能耗的产业、先进的技术、生产工艺和设备等②。且随经济发展水平的提高，环境意识的显著提升，对外商投资的引进注重清洁产业和服务业，对外出口产品的技术含量也有所提升，技术水平的提高和第三产业规模的扩大皆有利于降低碳排放。因此，对外开放对我国碳排放的影响是"污染避难所"和"污染光环"共同作用的结果。但在我国经济发展水平相对较高，居民环保意识提升，新型城镇化试点推进地区，更愿意吸引清洁性产业，并学习国外先进技术，因此主要表现为"污染光环"效应。

在经济发展初期，外商直接投资（FDI）主要流入高能耗的污染密集型行业，其流入可以填充某些产业的缺失，还可以为经济发展提供资金支撑，有利于促进经济规模的增加，但也消耗了大量能源，显著促进了碳排放的增加，在此阶段规模效应最为显著，促进了碳排放的大量增加。当经济发展到一定阶段，政府会逐步提高外资进入门槛，引导外资流向技术密集型等清洁性产业，促进产业结构升级，有利于降低碳排放。且外资流入

---

① Judith M. D. , Mary E. L. , Hua W. Are foreign investors attracted to weak environmental regulations? Evaluating the evidence from China [J]. *Journal of Development Economics*, 2009, 90（1）: 1 – 13.

② 李小平，卢现祥. 国际贸易、污染产业转移和中国工业 CO_2 排放 [J]. 经济研究，2010，45（1）: 15 – 26.

的同时，也将发达国家的先进技术、管理经验和生产工艺带入东道国，东道国通过学习、模仿、相互竞争等手段有利于提高本国的清洁技术水平和经济发展，通过技术效应有利于降低碳排放。综上所述，经济发展初期更重视经济发展，规模效应显著，碳排放呈显著增长趋势，当经济发展到一定程度，较多的资金用于产业结构升级和技术研发，则结构效应和技术效应逐渐显著，不利于碳排放的增长。而我国尤其是新型城镇化试点地区的经济发展处于中高速发展阶段，趋于较高水平，结构效应和技术效应较为显著，大部分地区第三产业占主导地位，因此，对外开放有利于降低碳排放。

为了对 FDI 与碳排放的关系有一个直观了解，本书基于科普兰（Copeland）等的研究基础，构建了外商直接投资对碳排放的供给与需求模型①。假设一个国家：（1）只包含两个部门，即生产部门和研发部门，且只生产高能耗产品（X）和低碳产品（Y）；（2）生产过程中只投入两种要素：资本（K）和劳动（L）；（3）为使所讨论的模型简化，便于讨论研究，此处只考虑可贸易产品的碳排放效应，而暂时忽略其他环境污染效应；（4）规模报酬不变。

碳排放供给。根据环境污染模型，代表性公民的福利水平间接效用函数表示如下。

$$U = V(I/P) - kC \qquad (5.22)$$

式（5.22）中，I 表示居民收入水平，P 为价格水平，那么 I/P 表示实际收入水平，C 为碳排放水平。考虑到政府的环境管控，并假设环境规制处于适当水平，此时可得到公民效应最大化函数，即式（5.23）。

$$MAX_C \{ V(I/P) - kC, s.t. I = F(EN, P, C)/N \} \qquad (5.23)$$

式（5.23）中，EN 为地区的资源禀赋水平，该公式表明资源禀赋、碳排放和价格综合决定了地区人均收入水平。由 $I = F(EN, P, C)/N$ 两边同除以 P 得式（5.24）。

---

① 李斌，彭星. 中国对外贸易影响环境的碳排放效应研究——引入全球价值链视角的实证分析［J］. 经济与管理研究，2011（7）：40-48.

$$I/P = F(EN, P, C)/NP \tag{5.24}$$

将式（5.24）代入式（5.23）并求复合函数一阶导数即可得其一阶条件式（5.25）。

$$V_C(I/P) = V_I(I/P) \times F_C(EN, P, C)/NP = k \tag{5.25}$$

可得式（5.26）。

$$F_C(EN, P, C) = kNP/V_I(I/P) \tag{5.26}$$

式（5.26）中，FC 为碳排放的边际收益，右式为碳排放的边际成本，最优的碳排放供给水平满足其边际收益等于边际成本。

碳排放需求。产品 Y 的生产函数可以用式（5.27）表示。

$$Y = (1-t)G(L_p, n, Kd, Kf) = (1-t)A[L_p(1-n)]^\alpha Kd^\beta Kf^\gamma \tag{5.27}$$

式（5.27）中，A 表示常数，L_p 为劳动生产率，n 为研发人员在劳动力投入中所占比重，$1-n$ 则是生产部门人员所占比例，Kd 和 Kf 分别表示内资和外资，$\alpha + \beta + \gamma = 1$。$t$ 表示潜在产出中用于降低碳排放的比重，即碳排放管制政策的实施。那么碳排放水平为 $C = tG(L_p, n, Kd, Kf)$。令 $t = ke(\theta)$，k 是一个固定的系数，将其代入式（5.27）。

$$Y = (1 - ke(\theta))A[L_p(1-n)]^\alpha Kd^\beta Kf^\gamma \tag{5.28}$$

式（5.28）中，$e(\theta) = x\alpha/x$ 为碳减排收入力度，$x\alpha$ 为碳减排投入。由此式（5.28）可以看出碳排放效应与经济增长之间存在关系，碳排放效用增加，可以在一定程度上抑制经济的快速发展。将 $t = ke(\theta)$ 代入 $C = tG(L_p, n, Kd, Kf)$，得到式（5.29）。

$$C = (1 - ke(\theta))G(Lp, n, Kd, Kf) = C(\theta) \times G \tag{5.29}$$

式（5.29）中 $C(\theta) = 1 - ke(\theta)$，衡量碳排放的技术效应，$G$ 可衡量碳排放的贸易规模效应。

为了简化讨论 FDI 的碳排放效应，将式（5.29）改写为 $C = C(\theta) \times x$，x 为可贸易产品 X 的贸易量，由假设知 X 为高能耗产品，碳排放都由其产生，而 Y 产品为低碳或无碳型产品，承担很少或不承担任何碳排放量。令 $P = x/G$ 衡量密集型产品 X 所占的比重，即对外贸易的商品结构。

将 $x = PG$ 代入 C 的表达式，可得式（5.30）。

$$C = C(\theta) \times P \times G \tag{5.30}$$

式（5.30）表明对外开放通过规模效应、结构效应和技术效应影响碳排放。上述的数理模型表明对外开放与碳排放存在密切关系。

2. 对外开放在环境规制与碳排放中的作用分析

在经济规模方面，高标准的环境规制显著增加了能耗型企业的生产成本，迫使企业向环境规制标准相对低的地区迁移，而承接地多为经济发展水平相对较低的地区，政府出于经济发展的考虑，放松环境监管，竞相吸引大量外商投资，但进入的外资企业多为高能耗企业，不具备清洁技术和生产技术的持久比较优势，技术创新主动性不足，易扩大低端产能的规模，当产业规模呈不断扩大趋势时，碳排放总量显著增加[①]。

就产业结构而言，对外开放对产业结构有两种影响：一方面促进产业结构优化升级，扩大高技术、新兴产业和第三产业生产规模，有利于抑制碳排放；另一方面吸引低端能耗产业，促进该类产品规模的扩张，对能源需求增加，碳排放也显著提升。当某地区的经济以第二产业为主，且处于快速发展阶段，倾向于引进水平较高的工业产业，外商直接投资的增加扩大了当地工业产业规模，消耗的化石能源显著增加，促进当地碳排放的增加。当该地区经济发展水平较高，产业布局基本稳定，产业结构较为合理，居民对环境质量的诉求提升，地方政府将更加重视生态环境保护，对外商直接投资的引进出于环境考虑，可能更多承接高技术、清洁型产业，会抑制地区碳排放的提升。

在技术效应方面，外资企业可以将国外先进的生产工艺和管理经验带入国内，行业之间通过信息交流、学习、模仿等获得知识和技术溢出效应，有利于提高本国的生产技术水平，提高能源利用效率。为了获得市场

---

① 董棒棒，李莉，唐洪松，等. 环境规制、FDI 与能源消费碳排放峰值预测——以西北五省为例［J］. 干旱区地理，2019，42（3）：689 – 697.

竞争优势，国内企业也需要提高生产技术、管理理念和生产服务，有利于推动绿色技术升级，降低碳排放总量。在外资进入初期可能会带动本国技术进步，但当内外资技术趋同时，易造成碳技术锁定，不利于抑制本国碳排放的增加。地方政府出于政绩考核，可能放松外资引入门槛，造成低端产能的大规模扩张，随着地区经济发展水平的提高和居民环保意识的增强，区域环境规制水平呈不断增强趋势，在未来收益预期下，外资企业可能向环境规制弱的地区转移，产生污染产能扩散现象①。

在城镇化趋向高质量发展中，居民对环境的需求提高，政府实施的环境规制政策呈增强趋势，经济发展不再是政府考核的唯一指标，生态环境纳入考核之内，当地政府更愿意吸纳高技术、低能耗的产业，降低能源密集型产业，经济规模效应有所下降，产业结构向高级化和合理化方向发展，技术效应凸显。外资企业出于成本考虑，可能将劳动密集型和资本密集型产业向更为落后的非洲、中东等国家转移，降低外商直接投资总量，优化外商投资结构，并利用外商直接投资优势，通过"污染光环"效应和竞争效应，有利于降低碳排放。

在消费端，环境规制通过对外开放对碳排放产生影响主要取决于消费者对产品的价值选择。假设两类 A 和 B 外商直接投资企业，A 企业主要生产绿色产品，其拥有先进的绿色生产技术，前期成本投入较高，产业定价相对较高，但在生产过程中能耗较低，属于低碳产品。B 企业属于传统企业，其生产过程能耗较多，价格相对较低。当东道国环境规制标准较低时，消费者节能减排意识较弱，更侧重于价格选择，可能较多购买 B 产品，从而扩大 B 产品的市场规模，导致 A 企业市场萎缩或退出市场，出现"劣币驱除良币"现象。若东道国的环境规制标准较高，在政府的宣传下，消费者节能减排意识较强，倾向于购买低碳产品，则 A 企业生产规模扩大，B 企业被挤出市场，出现"良币驱除劣币"效果。因此，如果政府

① 黄磊，吴传清. 外商投资、环境规制与长江经济带城市绿色发展效率［J］. 改革，2021（3）：94 – 110.

实施相对严格的环境规制，加大宣传力度，提高消费者节能环保意识，增加对绿色产品需求，相对绿色服务增多，清洁性产业占比增加，最终迫使企业开发或引进绿色技术，可以显著抑制碳排放的增加。据此提出假说5.4。

假说5.4：环境规制通过对外开放有利于降低碳排放。

基于上述分析，可得到环境规制影响碳排放的具体作用机理，见图5-1。上述作用机理认为环境规制对中介变量（经济集聚、产业结构高级化、技术进步和对外开放）皆具有正反两方面的影响，故环境规制对上述中介变量的影响方向不确定，但中介变量对碳排放皆表现出显著的减排效果，上述结论被诸多学者从理论和实证角度均已证实。

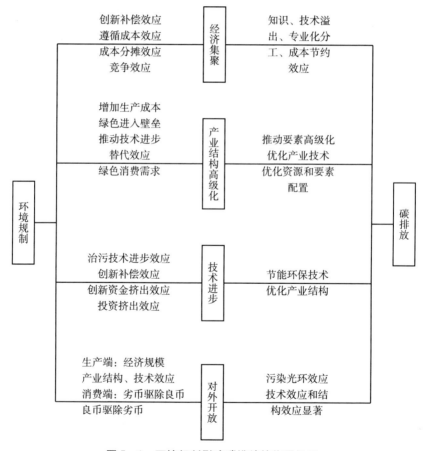

图5-1 环境规制影响碳排放的作用机理

5.2　变量说明和调节效应模型设定

5.2.1　变量说明

常用空间基尼系数、赫芬达尔指数、泰尔指数等衡量经济集聚，但这些指标忽略了较小空间差异产生的偏误①，而产出密度能够较好地反映一个地区的集聚水平，其可以反映出产业在空间上的分布和疏密情况，体现了经济集聚的密度特征。因此，经济集聚指标采用各地级市的非农产值与城市行政面积之比来衡量。

产业结构高级化指标用来反映产业结构变动情况，产业结构高级化意味着生产要素由低生产部门向高生产部门转移，表现为第三产业规模的显著扩增，第一产业规模的缩减。随信息化的快速发展，经济结构侧重于服务化发展。基于此，产业结构高级化采用第三产业占 GDP 比重与第二产业占 GDP 比重的比值来衡量②。

技术进步常用研发资金投入占比、专利申请量或授权量、全要素生产率等间接变量来衡量。绿色技术进步指标在技术进步指标的基础上加入环境约束，如与环境相关的科研经费投入、绿色专利申请或授权量、能源强度等指标。鉴于数据可得性原则，本书选用国内每万人拥有的绿色专利授权量指标衡量技术进步，该数据来源于中国研究数据服务平台。基于前文理论模型的推导，环境规制通过对外开放影响碳排放，本书选用外商直接

---

① 刘修岩. 空间效率与区域平衡：对中国省级层面集聚效应的检验 [J]. 世界经济，2014，37（1）：55 – 80.
② 干春晖，郑若谷，余典范. 中国产业结构变迁对经济增长和波动的影响 [J]. 经济研究，2011，46（5）：4 – 16.

投资占 GDP 比重衡量对外开放水平[①]。经济集聚、产业结构、外商直接投资指标所需数据皆来自 2011～2020 年《中国城市统计年鉴》。

5.2.2 调节效应模型

第 4 章已证明环境规制在新型城镇化建设影响碳排放中存在中介效应。为了检验环境规制是否具有调节效应，构建调节效应模型进行实证检验，具体模型如式（5.31）所示[②]。

$$Y = \alpha_0 + \alpha_1 Y_{i,t-1} + \alpha_2 Y_{i,t-2} + \alpha_3 DID + \alpha_4 ER_{it} + \alpha_5 DID \times ER_{it} +$$
$$\sum \gamma_j control_{it} + \varepsilon_{it} \tag{5.31}$$

5.2.3 修正的有中介的调节效应模型

为了深入剖析环境规制影响碳排放的具体作用机制，在环境规制视为调节变量的基础上，将新型城镇化建设、环境规制、碳排放和环境规制的具体作用机理纳入同一分析框架，构建有中介的调节效应模型对具体作用机理进行实证检验。有中介的调节模型指自变量作用因变量过程中，受到调节变量的调节影响，而调节效应（至少部分地）通过中介变量作用于因变量。根据环境规制影响碳排放的作用机理可知，环境规制通过经济集聚、产业结构高级化、对外开放和技术进步四条路径抑制碳排放。在考虑模型统计学上和经济学上的缺陷，对原始有中介的调节效应模型进行修正，具体设计的修正的有中介的调节效应模型如下所示[③]。

① 黄娟，汪明进. 科技创新、产业集聚与环境污染 [J]. 山西财经大学学报，2016，38（4）：50–61.
② 江心英，赵爽. 双重环境规制视角下 FDI 是否抑制了碳排放——基于动态系统 GMM 估计和门槛模型的实证研究 [J]. 国际贸易问题，2019（3）：115–130.
③ 叶宝娟，温忠麟. 有中介的调节模型检验方法：甄别和整合 [J]. 心理学报，2013，45（9）：1050–1060.

$$Y = \alpha_0 + \alpha_1 Y_{i,t-1} + \alpha_2 Y_{i,t-2} + \alpha_3 DID + \alpha_4 ER_{it} + \alpha_5 DID \times ER_{it} +$$

$$\sum \gamma_j control_{it} + \varepsilon_{it} \qquad (5.32)$$

$$W_{it} = \beta_0 + \beta_1 DID + \beta_2 ER_{it} + \beta_3 DID \times ER_{it} + \sum \lambda_j control_{it} + u_{it}$$

$$(5.33)$$

式（5.33）中，W_{it}表示中介变量，包括经济集聚（AE）、产业结构高级化（IS）、技术进步（TE）、对外开放（FDI），其他解释变量同上式。

根据大量文献总结、数理推导结合新型城镇化建设的实际情况，经济集聚、产业结构高级化、技术进步和对外开放皆有利于抑制人均碳排放，为了对上述结论进行验证，本书构造动态面板模型对上述关系进行回归检验，具体的模型如下。

$$Y = \alpha_0 + \alpha_1 Y_{i,t-1} + \alpha_2 Y_{i,t-2} + \alpha_3 W_{it} + \sum \gamma_j control_{it} + \varepsilon_{it} \quad (5.34)$$

5.2.4　环境规制约束下的调节效应模型

为了进一步研究在环境规制约束下，经济集聚、产业结构高级化等中介变量对碳排放的影响，基于 EKC 模型的计量框架，将样本分为实施新型城镇化试点地区和非实施新型城镇化试点地区两类，引入环境规制与中介变量（经济集聚、产业结构高级化、技术进步、对外开放）的交互项，探究在环境规制约束下，中介变量对碳排放的影响效应，构建的调节效应模型如下。

$$Y = \beta_0 + \beta_0 Y_{i,t-1} + \beta_1 Y_{i,t-2} + \beta_2 ER_{it} + \beta_3 W_{it} +$$

$$\beta_4 ER_{it} \times W_{it} + \sum \gamma_j control_{it} + \omega_{it} \qquad (5.35)$$

5.3　环境规制的调节效应分析

5.3.1　调节效应检验

本书采用两步系统 GMM，检验环境规制在新型城镇化建设影响碳排放之间是否存在调节效应，回归结果见表 5 - 1。从表 5 - 1 可以看出，试点政策对人均碳排放的回归系数显著为负，同第 3 章的回归结论一致，表明新型城镇化试点政策的实施具有稳健的碳减排效果。环境规制的回归系数显著为负，表明环境规制强度的提升有利于降低碳排放，同第 4 章结论趋于一致。新型城镇化建设与环境规制的交互项的回归系数显著为正，意味着环境规制在新型城镇化建设与人均碳排放之间存在正向调节影响，新型城镇化建设对人均碳排放的抑制效应随着环境规制强度的提升呈增强趋势，验证了环境规制在新型城镇化建设与碳排放之间不仅具有中介效应，还存在正向调节效应。接下来可运用有中介的调节效应模型，检验新型城镇化建设作用碳减排的深层次机理。

表 5 - 1　　　　　　　　　　环境规制的调节效应估计结果

变量	回归系数	T 值
$Y(-1)$	1. 0258 ***	0. 00
$Y(-2)$	- 0. 1108 ***	0. 00
DID	- 0. 5716 ***	0. 00
ER	- 0. 6037 *	0. 07
$DID \times ER$	0. 7847 *	0. 06
控制变量	是	
C	- 2. 3564 **	0. 04

注：* 、** 、*** 分别表示在10% 、5% 、1% 的水平上通过显著性检验。

5.3.2　环境规制实现碳减排的深层次机理检验

基于式（5.32）运用固定面板模型对有中介的调节效应模型进行回归，检验环境规制实现碳减排的深层次机理的正确性，回归结果见表 5 - 2。从表 5 - 2 中可以看出，在经济集聚作为因变量模型中，试点政策的回归系数显著为正，表明试点政策的实施对经济集聚具有正向积极影响；环境规制的回归系数不显著；而试点政策与环境规制交互项的回归系数显著为负，表明环境规制强度越高，新型城镇化建设对产业集聚的边际效应越小，即在环境规制的约束下，新型城镇化建设对经济集聚的集聚作用下降。可能原因是随着新型城镇化进程的加快，人口、资源和资本等要素逐渐向城镇集聚，形成产业集聚，但随着环境规制强度的增加，受制于环境规制成本，部分产业向环境规制水平相对较低的地区转移，导致本地产业集聚程度下降。

表5-2　　　　　　　环境规制影响碳排放的具体路径的估计结果

因变量	经济集聚（AE）		产业结构高级化（IS）		绿色技术进步（TE）		对外开放（FDI）	
	回归系数	P 值	回归系数	P 值	回归系数	P 值	回归系数	P 值
DID	0.0294 *	0.06	0.0174	0.33	-0.0428 ***	0.01	0.3977 ***	0.00
ER	0.0914	0.14	0.0556	0.44	0.1554 ***	0.01	-0.4808 *	0.07
DID×ER	-0.3653 ***	0.00	0.2738 **	0.03	0.1294 **	0.02	-1.4694 **	0.04
控制变量	是		是		是		是	
C	-2.3352 ***	0.00	-1.2563 ***	0.00	0.0660	0.81	7.1957 ***	0.00
R^2	0.4477		0.5814		0.5232		0.1517	

注：*、**、*** 分别表示在10%、5%、1%的水平上通过显著性检验。

当因变量为产业结构高级化时，新型城镇化建设和环境规制的回归系数均不显著；新型城镇化建设与环境规制交互项的回归系数显著为正，表明新型城镇化建设和环境规制当前对产业结构高级化的作用程度有限，但随着环境规制标准的提高，新型城镇化建设对产业结构高级化的正向促进作用逐渐显现，即环境规制在新型城镇化建设与产业结构之间具有正向调节影响。一方面，在新型城镇化试点地区实施较强的环境规制，大中型工业企业为了摆脱"环境成本约束"，一般会选择绿色技术创新，提高产品增值服务，在技术进步驱动下，大中型企业逐渐占据市场主导，导致中小型企业退出市场，或者逼迫中小型企业迁移至环境标准较低的地区实现产业结构升级；另一方面，新型城镇化试点地区的环境规制制定较高的绿色隐性壁垒，阻碍了高污染高能耗企业的进入，扩大清洁生产和高技术产业规模，促进产业结构高级化，且新型城镇化试点地区鼓励居民进行绿色消费，增加绿色消费服务需求，促进绿色服务产业发展。

在绿色技术进步作为因变量模型中，试点政策对技术进步的回归系数为 -0.0428，在1%的显著性水平下通过检验，虽然作用系数偏小，但也表明新型城镇化建设对绿色技术具有一定的抑制作用，一般而言，新型城镇化建设促进了人口集聚，人口集聚有利于提升人力资本水平，从而促进技术进步，但在新型城镇化建设初期，可能将大量资本用于基础设施投资，对人力资本投资具有挤出效应，从而不利于技术进步。环境规制的回归系数显著为正，表明环境规制在较大程度上有利于技术进步，同理论分析吻合，当实施较强的环境规制时，有能力的企业出于成本和市场占有份额的考虑，可能主动进行技术创新，表明在环境规制约束下，新型城镇化建设对技术进步的抑制作用减弱，新型城镇化建设对技术进步的影响随着环境规制强度的提升由抑制转为促进。可能的原因是新型城镇化建设初期挤占创新资金投入不利于技术进步，随着新型城镇化建设进程的推进，加强了环境规制强度，倒逼企业研发资金投入，主动技术革新，"创新补偿效应"更加显著。

在对外开放作为因变量模型中，新型城镇化建设对外商直接投资的回归系数为0.3977，且在1%水平下通过显著性检验，在极大程度上促进了对外开放，新型城镇化建设侧重基础设施的完善和质量的提升，重视公共服务水平的提高，有利于吸引国外投资，也符合当前中国对外开放战略。环境规制的回归系数为 -0.4808，通过10%显著性水平检验，表明在一定程度上，环境规制对外商直接投资具有负向抑制影响，当国内提高环境规制标准后，国外企业出于环境成本考虑，可能将产业转移至非洲等其他相对欠发达的国家，外商直接投资规模相对下降；但试点政策与环境规制交互项的回归系数显著为负，表明环境规制在新型城镇化建设与外商直接投资之间存在负向调节影响，意味着随环境规制标准的提高，新型城镇化建设对外商直接投资的促进作用减弱，即在环境规制的约束下，新型城镇化建设对外商直接投资的引力下降。新型城镇化建设虽然吸引了众多外商直接投资，但随环境规制标准的提高，外商直接投资将呈下降趋势。可能的原因是第一批新型城镇化试点地区大多是经济发展基础较为雄厚的地区，这些地区往往也是吸引众多外来投资的地区，随着新型城镇化试点政策的实施，环境规制强度随之加强，环境规制通过增加成本效应、增加进入门槛、绿色壁垒等手段抑制高污染高能耗的外商直接投资的进入，导致外商直接投资向环境规制弱的地区转移，降低外商直接投资。

根据上述分析可以发现，新型城镇化建设与环境规制的交互项即调节项可以通过经济集聚、产业结构高级化、对外开放、技术进步等对碳排放产生抑制效应；换言之，环境规制通过调节经济集聚、产业结构高级化、对外开放和技术进步对碳排放的抑制效应，进而间接调节了新型城镇化建设对碳排放的抑制效应，对假说5.1～假说5.4进行了检验，同时对新型城镇化建设实现碳减排的深层次作用机理进行了实证检验。

5.3.3 环境规制的作用路径对碳排放的实证检验

尽管已有大量实证研究表明，经济集聚、产业结构高级化、技术进步和对外开放皆有利于抑制碳排放，为了再次确保结论的准确性，运用系统GMM模型，在缓解内生性的基础上，基于式（5.33）对中介变量与碳排放的关系进行实证检验，结果见表5-3。从表5-3中可以看出，在模型（1）中，经济集聚（AE）作为核心解释变量，经济集聚对人均碳排放的回归系数显著为-0.3509，表明经济集聚的提高有利于降低人均碳排放。在模型（2）中，产业结构高级化作为核心解释变量，产业结构高级化对人均碳排放的回归系数为-0.6120，通过显著性水平检验，产业结构高级化也具有显著的减排效果。在模型（3）中，技术进步作为核心解释变量，技术进步对人均碳排放的回归系数为-0.2287，通过显著性检验，技术进步水平的提升有利于降低人均碳排放。在模型（4）中，对外开放作为核心解释变量，对外开放对人均碳排放的回归系数显著为-0.0804，表明对外开放对人均碳排放具有一定的抑制作用。根据核心解释变量回归系数的方向和大小可以发现，经济集聚、产业结构高级化、技术进步和对外开放对人均碳排放均具有显著的减排效果，且产业结构高级化的减排效果最显著，其次为经济集聚，接下来为技术进步，最后为对外开放。

表 5 – 3　　　　　　　　环境规制的作用路径对碳排放的估计结果

变量	模型（1）		模型（2）		模型（3）		模型（4）	
	回归系数	P 值	回归系数	P 值	回归系数	P 值	回归系数	P 值
$Y(-1)$	1.0619 ***	0.00	1.0619 ***	0.00	1.0593 ***	0.00	1.0593 ***	0.00
$Y(-2)$	-0.1150 ***	0.00	-0.1150 ***	0.00	-0.1185 ***	0.00	-0.1185 ***	0.00
AE	-0.3509 ***	0.01						
IS			-0.6120 ***	0.00				
FE					-0.2287 *	0.06		
FDI							-0.0804 ***	0.00
控制变量	是		是		是		是	
AR(2)		0.01		0.01		0.01		0.01
AR(3)		0.97		0.95		0.96		0.89
sargon		0.14		0.67		0.36		0.59

注：* 、** 、*** 分别表示在 10%、5%、1% 的水平上通过显著性检验。

为了进一步验证环境规制的作用路径对碳排放回归结论的稳健性，并将新型城镇化试点政策纳入分析框架，将研究样本分为试点地区和非试点地区，运用动态面板模型，分别对经济集聚、产业结构高级化、技术进步和对外开放与碳排放的关系进行回归，结果见表 5 – 4。从表 5 – 4 中可以看出，在试点地区，经济集聚的回归系数显著为负，经济集聚有利于降低碳排放；产业结构高级化的回归系数显著为负，在较大程度上抑制碳排放；技术进步的回归系数显著为负，在很大程度上降低碳排放；对外开放对人均碳排放的回归系数为 -0.1282，在 1% 的显著性水平下通过检验，也具有一定的减排效果，根据回归系数绝对值的比较，在试点地区，技术进步的碳减排效果最佳，其次是产业结构高级化，接下来是经济集聚，最后为对外开放。

表 5 - 4　　　　　分地区环境规制的作用路径对碳排放的估计结果

核心变量	试点地区				非试点地区			
	经济集聚	产业结构高级化	技术进步	对外开放	经济集聚	产业结构高级化	技术进步	对外开放
$Y(-1)$	1.0059 *** (0.00)	1.0224 *** (0.00)	1.0290 *** (0.00)	1.0485 *** (0.00)	0.9531 *** (0.00)	0.9341 *** (0.00)	0.9662 *** (0.00)	0.9867 *** (0.00)
$Y(-2)$	-0.0596 *** (0.00)	-0.0678 *** (0.00)	-0.0691 *** (0.00)	-0.1009 *** (0.00)	-0.0608 *** (0.00)	-0.0368 ** (0.02)	-0.0724 *** (0.00)	-0.0948 *** (0.00)
AE	-0.1371 ** (0.02)				-0.2928 * (0.08)			
IS		-0.3514 *** (0.00)				-0.9281 *** (0.00)		
FE			-0.5818 *** (0.00)				-0.3033 *** (0.01)	
FDI				-0.1282 *** (0.00)				-0.1318 *** (0.00)
control	YES	YES	YES	YES	YES	YES	YES	YES
$AR(2)$	0.09	0.08	0.07	0.07	0.01	0.02	0.01	0.03
$AR(3)$	0.20	0.17	0.21	0.29	0.73	0.63	0.75	0.30
sargon	0.49	0.12	0.11	0.84	0.64	0.45	0.49	0.66

注：* 、** 、*** 分别表示在10%、5%、1%的水平上通过显著性检验。

在非试点地区，经济集聚的回归系数显著为负，产业结构高级化对人均碳排放的回归系数为 -0.9281，技术进步的回归系数显著为负，对外开放的回归系数显著为负。在非试点地区，根据回归系数绝对值的比较，产业结构高级化的碳减排效果最佳，其次为技术进步，接下来为经济集聚和对外开放。无论是试点地区还是非试点地区，经济集聚、产业结构高级化、技术进步和对外开放对人均碳排放的回归系数均为负，且均通过显著性水平检验，表明经济集聚、产业结构高级化、技术进步和对外开放均抑制了人均碳排放，同整体回归的结论趋于一致，证明环境规制的具体作用路径均对碳排放具有显著抑制作用。

根据对表5-2、表5-3和表5-4的分析可以明确，环境规制通过调节经济集聚、产业结构高级化、对外开放和技术进步对碳排放的减排效应，进而间接调节了新型城镇化建设对碳排放的抑制效应。具体而言，随着环境规制强度的提升，新型城镇化建设对经济集聚的促进作用下降，对产业结构高级化的正向促进效应逐渐显现，对技术进步的影响可能由负向效应转为正向效应，对外商直接投资的引力下降；在新型城镇化建设中，绿色技术进步的碳减排效果最佳，其次为产业结构高级化，最后为经济集聚和对外开放。验证了新型城镇化建设实现碳减排的具体作用机制，新型城镇化建设通过环境规制抑制碳排放，环境规制在新型城镇化建设与碳排放之间具有调节效应，环境规制通过调节经济集聚、产业结构高级化、技术进步和对外开放对碳排放的抑制效应，进而间接调节了新型城镇化建设对碳排放的抑制效应。

5.3.4 环境规制约束下作用路径的进一步检验

根据前文分析，在不考虑环境规制的约束下，无论是试点地区还是非试点地区，经济集聚、产业结构高级化、技术进步和对外开放对人均碳排放均具有显著的减排效果，且在试点地区技术进步的碳减排效果最为显著，在非试点地区产业结构高级化的碳减排效果最佳。为了进一步探讨在环境规制的约束下，经济集聚、产业结构高级化、技术进步和对外开放对人均碳排放的减排效果发生何种变化，本书将样本数据分为两类：试点地区和非试点地区，分别探究在两种样本下，环境规制的具体作用路径对人均碳排放的影响及其影响存在的差异。根据式（5.34）运用两步系统GMM模型对样本数据分类进行回归，回归结果见表5-5。

表5-5 环境规制约束下作用路径的进一步检验

核心解释变量	试点地区				非试点地区			
	经济集聚	产业结构	技术进步	对外开放	经济集聚	产业结构	技术进步	对外开放
$Y(-1)$	0.8936*** (0.00)	1.0178*** (0.00)	1.0230*** (0.00)	1.0396*** (0.00)	0.9531*** (0.00)	0.9303*** (0.00)	0.9622*** (0.00)	0.9863*** (0.00)
$Y(-2)$		-0.0661*** (0.00)	-0.0650*** (0.00)	-0.0936*** (0.00)	-0.0591*** (0.00)	-0.0310*** (0.00)	-0.0631*** (0.00)	-0.0916*** (0.00)
ER	-0.9071*** (0.01)	-0.9138*** (0.00)	-0.9362*** (0.00)	-0.7450*** (0.00)	-0.1850 (0.71)	-0.1609 (0.74)	-0.0298 (0.95)	-0.3914 (0.38)
AE	-0.4385** (0.03)				-0.2535* (0.08)			
IS		-0.1810* (0.07)				-0.9110*** (0.00)		
FE			-0.5416*** (0.00)				-0.2820** (0.02)	
FDI				-0.1213*** (0.00)				-0.1302*** (0.00)
ER×AE	0.7867*** (0.00)				1.5718* (0.08)			
ER×IS		0.5405*** (0.00)				0.0796 (0.93)		
ER×FE			0.4094*** (0.00)				0.3805 (0.00)	
ER×FDI				0.2185*** (0.00)				0.0374 (0.83)
变量	YES	YES	YES	YES	YES	YES	YES	YES
AR(2)	0.1943	0.0803	0.0754	0.0766	0.0155	0.0168	0.0106	0.0282
AR(3)	0.5948	0.2250	0.2578	0.3220	0.6193	0.5982	0.7358	0.2584
sargon	0.5948	0.5565	0.1947	0.5288	0.8195	0.9007	0.6843	0.5148

注：*、**、***分别表示在10%、5%、1%的水平上通过显著性检验。

从表 5 - 5 可以看出，在试点地区，经济集聚作为核心解释变量模型中，环境规制对人均碳排放的回归系数为 - 0.9071，表明环境规制在极大程度上抑制碳排放；经济集聚对人均碳排放的回归系数为 - 0.4385，表明经济集聚具有显著的碳减排效果；经济集聚与环境规制的交互项的回归系数显著为正，表明随着新型城镇化的建设，经济集聚对人均碳排放的抑制作用随着环境规制强度的增强而增强。在试点地区，产业结构高级化作为核心解释变量模型中，环境规制、产业结构高级化的回归系数均显著为负，环境规制与产业结构高级化交互项的回归系数显著为正，表明若环境规制标准提升，产业结构高级化对碳排放的负向抑制效应呈增强趋势。

在试点地区，技术进步作为核心解释变量模型中，环境规制对人均碳排放的回归系数为 - 0.9362，技术进步对人均碳排放的回归系数为 - 0.5416，环境规制与技术进步的交互项对人均碳排放的回归系数为 0.4094，皆通过 1% 显著性水平检验，意味着随环境规制强度的增加，技术进步的碳减排效果呈增强趋势。在试点地区，对外开放作为核心解释变量模型中，环境规制对人均碳排放的回归系数为 - 0.7450，对外开放的回归系数为 - 0.1213，均通过显著性水平检验，环境规制与对外开放对人均碳排放的回归系数显著为 0.2185，表明在新型城镇化建设中，对外开放对人均碳排放的抑制效应随环境规制强度的增加呈增强趋势。

综上所述，在试点地区，环境规制在四个模型中对人均碳排放均具有显著的减排效果，且差距不大，表明了环境规制对人均碳排放呈"倒逼效应"这一结论的稳健性。经济集聚、产业结构高级化、技术进步和对外开放的回归系数均显著为负，再次证明在新型城镇化建设中，经济集聚、产业结构高级化、技术进步和对外开放对人均碳排放均具有显著的抑制作用，同前文机理分析吻合。环境规制与经济集聚、产业结构高级化、技术进步和对外开放的交互项均显著为正，意味着随环境规制强度的提升，经济集聚、产业结构高级化、技术进步和对外开放对人均碳排放的抑制效应呈增强趋势。

在非试点地区，经济集聚、产业结构高级化、对外开放、技术进步对人均碳排放的回归系数均显著为负，同前文结论一致。环境规制与经济集聚的交互项对人均碳排放的回归系数显著为正，其他交互项系数皆不显著，表明在非试点地区，环境规制在新型城镇化建设与碳排放中的作用不显著，主要通过经济集聚抑制碳排放。

通过对试点地区和非试点地区的对比分析可以发现，环境规制在试点地区对人均碳排放的回归系数显著，且绝对值较大，在非试点地区的回归系数不显著，再次证明新型城镇化建设通过加强环境规制的强度抑制碳排放，同第4章的结论趋于一致。在试点地区，随着环境规制强度的提升，经济集聚、产业结构高级化、技术进步和对外开放对人均碳排放的减排效果呈增强趋势，进一步验证了环境规制可通过调节经济集聚、产业结构高级化、技术进步和对外开放等对碳排放的抑制效应，间接调节新型城镇化建设对碳排放的减排效应。

5.4 异质性视角下环境规制的调节效应分析

第4章明确了新型城镇化建设通过加强环境规制强度、增加基础设施建设和改变能源利用效率三条传导路径影响碳排放，并对环境规制、基础设施建设和能源效率三条传导路径基于异质性视角进行了深入分析。本章对环境规制的调节效应进行分析，并给出如下解释：首先，环境规制实现碳排放的作用机制有待进一步探讨，需要在本章进行深入分析；其次，为了探讨环境规制的调节效应是否受到人口规模、经济规模、所在区域和人力资本水平等外部因素的影响，也有必要进行异质性分析；最后，将环境规制中介效应的异质性分析结论，与环境规制调节效应的异质性结论作对比分析，验证结论的稳健性。

5.4.1 不同城市人口规模下环境规制的调节效应分析

环境规制在新型城镇化建设与碳排放的作用效应在空间分布上可能存在异质性。由于环境监督成本、排污技术和治污程度都具有规模效应，防治污染、降低碳排放等措施可能成为空间集聚的"向心力"，人口集聚和产业集聚的城市可通过共享除污设备等降低单位成本，提高环境治理效益，因此，在人口规模高的城市和高经济规模城市中，环境规制的碳减排效果应更佳，即环境规制对人均碳排放的影响随着城市人口规模的扩大呈"边际递增"的趋势。基于此，基于不同城市人口规模视角，对环境规制在新型城镇化建设与人均碳排放的调节效应进行异质性分析，结果见表 5-6。

表 5-6 　　　　不同城市人口规模下环境规制的调节效应估计结果

样本	小城市		中等城市		大城市	
	回归系数	P 值	回归系数	P 值	回归系数	P 值
$y(-1)$	0.9980 ***	0.00	0.8969 ***	0.00	0.8448 ***	0.00
DID	0.7481	0.48	-0.3980 ***	0.00	-0.4113 ***	0.00
ER	-0.7181	0.81	-0.3760	0.26	-0.9916 ***	0.00
$DID \times ER$	-1.6821	0.20	1.2090	0.27	0.7147 ***	0.01
控制变量	是		是		是	
$AR(1)$	0.0843		0.0014		0.0006	
$AR(2)$	0.4766		0.2366		0.4803	
$sargon$	0.9284		0.6460		0.8108	

注：*、**、*** 分别表示在 10%、5%、1% 的水平上通过显著性检验。

从表 5-6 中可以看出，试点政策对人均碳排放的回归系数在中等城市和大城市显著，且随着城市规模的增加，试点政策对人均碳排放的减排效果呈增加趋势，同第 3 章回归结论趋于一致。在小城市和中等城市样本中，环境规制的回归系数不显著，表明环境规制在小城市和中等城市

中，碳减排效果不显著，在大城市样本中，环境规制的回归系数显著为
－0.9916，表明环境规制在大城市样本中的碳减排效果显著。在小城市和
中等城市样本下，试点政策与环境规制调节项对人均碳排放的回归系数均
不显著，在大城市样本下，试点政策与环境规制调节项对人均碳排放的回
归系数显著为 0.7147，意味着在该样本下新型城镇化试点政策对人均碳排
放的抑制效应随环境规制强度的提升呈增强趋势。综上所述，环境规制显
著抑制了大规模城市下的人均碳排放，且随着环境规制强度的提升，新型
城镇化建设对人均碳排放的边际效应越大，即大规模城市样本下，环境规
制在新型城镇化建设与人均碳排放之间存在正向调节效应，新型城镇化建
设随着环境规制强度的提升，碳减排效果呈增强趋势。

5.4.2　不同区域下环境规制的调节效应分析

中国各个地区发展情况不同，在不同地区影响环境规制的要素和禀赋存
在显著差异。在东部地区，经济集聚度高、第三产业发达、技术较中西部地
区更为先进，因特殊的地理位置和经济发达程度高，对外开放程度较高等，
这些因素都对环境规制有所影响。居民对环境质量的意识增强，会要求政府
实施更高的环境规制，而环境规制导致高污染、高能耗企业有动力将企业迁
移到环境规制强度较低的地区；经济发展较为落后的地区为了扩大本地区的
经济规模，也有动机进一步放宽环境规制，吸引外来投资。为了考察区域异
质性产生的影响，本书将研究样本分为东部、中部和西部地区，探究在不同
区域样本下，环境规制的调节效应发生何种变化，结果见表 5－7。

表 5－7　　　　　不同区域下环境规制的调节效应的估计结果

样本	东部地区		中部地区		西部地区	
	回归系数	P 值	回归系数	P 值	回归系数	P 值
$y(-1)$	0.8820 ***	0.00	0.7960 ***	0.00	0.9846 ***	0.00
$y(-2)$	0.0628 ***	0.00	0.1166 ***	0.00		

续表

样本	东部地区		中部地区		西部地区	
	回归系数	P 值	回归系数	P 值	回归系数	P 值
DID	− 0. 3859 ***	0. 00	− 0. 5867 ***	0. 00	− 1. 8635 ***	0. 00
ER	− 1. 0608 ***	0. 00	− 0. 5201	0. 16	1. 3019 ***	0. 00
DID × ER	0. 9221 ***	0. 00	− 0. 1998	0. 55	− 1. 1414 ***	0. 01
控制变量	是		是		是	
C	− 10. 6922 ***	0. 00	− 6. 1977 ***	0. 00	− 4. 1905 **	0. 04
AR(2)	0. 0091		0. 0374		0. 0312	
AR(3)	0. 5395		0. 4851		0. 6792	
sargon	0. 7058		0. 4158		0. 1540	

注: * 、 ** 、 *** 分别表示在10% 、5% 、1% 的水平上通过显著性检验。

从表5 - 7 中可以看出，在东部地区，环境规制的回归系数显著为负，交互项的回归系数显著为正，表明环境规制在新型城镇化建设与人均碳排放之间存在正向调节效应，环境规制强度越高，新型城镇化建设对人均碳排放的抑制效应越显著。在中部地区，仅试点政策的回归系数显著为负，具有显著的减排效果，环境规制、环境规制与新型城镇化建设交互项对人均碳排放的回归系数均不显著，表明在中部地区，环境规制的碳减排效果不显著。在西部地区，试点政策有利于降低人均碳排放，环境规制对人均碳排放具有促进作用，试点政策与环境规制调节项对人均碳排放的回归系数显著为负，表明在环境规制的约束下，新型城镇化建设对人均碳排放的抑制作用减弱，由于西部地区经济欠发达，环境规制政策宽松，更加重视经济发展。综上所述，在东部和西部地区样本下，环境规制在新型城镇化建设与人均碳排放之间存在调节效应，在东部地区，新型城镇化建设随着环境规制强度的提升对人均碳排放的减排效果呈增强趋势，在西部地区，环境规制促进人均碳排放，新型城镇化建设随着环境规制强度的提升，对人均碳排放的抑制效应减弱。

5.4.3   不同城市经济规模下环境规制的调节效应分析

根据前文分析，经济发达地区，经济活动较为频繁，经济发展水平的差异可能对环境规制的调节效应产生影响。经济发展实质为产业结构高级化过程，而碳排放也主要取决于产业结构。当第二产业尤其是工业为主导时，对化石能源的需求显著增加，因此会产生较多碳排放，增加环境规制内化成本，而高标准的环境规制会增加生产成本，倒逼企业末端治理或改进技术；当第三产业为主导时，对化石能源的需求显著降低。经济发展也有利于促进技术开发、应用与推广，降低碳排放，技术进步通过"创新补偿"效应降低了环境规制成本。经济较为发达地区对环境质量要求高，对应的居民环保意识较强，有利于促进居民绿色消费。因此，基于不同经济发展水平视角，对环境规制在新型城镇化建设与人均碳排放的调节效应进行异质性分析，结果见表5-8。

表5-8   不同城市经济规模下环境规制的调节效应的回归结果

样本	低经济规模		中经济规模		高经济规模	
	回归系数	P值	回归系数	P值	回归系数	P值
$y(-1)$	1.0384 ***	0.00	1.0333 ***	0.00	1.0035 ***	0.00
$y(-2)$	-0.0899 ***	0.00	-0.0636 ***	0.00	-0.0952 ***	0.00
DID	-0.5448 ***	0.00	-0.4506 ***	0.00	-0.4822 ***	0.00
ER	-0.6418 **	0.05	-0.1139	0.74	-1.0231 ***	0.00
DID × ER	-2.4396	0.10	-0.4293	0.51	1.0222 ***	0.00
控制变量	是		是		是	
C	-24.2343 ***	0.00	-4.4479 ***	0.00	-9.3686 ***	0.00
AR(2)	0.0700		0.0333		0.0334	
AR(3)	0.3614		0.1434		0.1629	
sargon	0.1509		0.1058		0.1336	

注：* 、** 、*** 分别表示在10%、5%、1%的水平上通过显著性检验。

从表5-8可以看出，新型城镇化建设在低、中、高经济规模下，对人均碳排放的回归系数均显著为负，有利于降低人均碳排放。在低经济规模下，环境规制对人均碳排放的回归系数显著为 - 0.6418，意味着在低经济规模样本下，环境规制对人均碳排放具有抑制效应，交互项的回归系数不显著。在中经济规模下，环境规制、环境规制与试点政策的交互项对人均碳排放的回归系数均不显著，表明环境规制对中经济规模下的人均碳排放作用不显著。在高经济规模下，环境规制对人均碳排放的回归系数显著为 - 1.0231，表明在高经济规模样本下，环境规制对人均碳排放的抑制效应较为明显；试点政策与环境规制交互项的回归系数为1.0222，通过1%显著性水平检验，表明环境规制在新型城镇化建设影响人均碳排放中具有正向调节作用，即新型城镇化建设随着环境规制强度的提升对人均碳排放的减排效果更加显著。

5.4.4　不同城市人力资本水平下环境规制的调节效应分析

经济发展需要技术进步作为支撑，人力资本水平的提升是推动技术进步的关键因素，因为人力资本可通过学习、经验总结、研发创造等手段对技术进行推广和应用。在投入的要素中，技术进步的贡献最大。而高人力资本可显著促进技术进步，因为较高的人力资本水平意味着劳动力具有较高的受教育水平，其在技能学习应用和推广、创新开发等方面有较强的优势，有利于助推企业技术进步，提高企业生产效率和清洁生产。因此，当人力资本水平达到一定程度时，环境规制的碳减排效果才会显现。基于不同人力资本水平视角，对环境规制在新型城镇化建设与人均碳排放的调节效应进行异质性分析，结果见表5-9。

表5-9　不同城市人力资本水平下环境规制的调节效应的估计结果

样本	低人力资本		中人力资本		高人力资本	
	回归系数	P值	回归系数	P值	回归系数	P值
$y(-1)$	0.9280 ***	0.00	0.9616 ***	0.00	1.0011 ***	0.00
$y(-2)$			0.0754 ***	0.00	- 0.1155 ***	0.00

续表

样本	低人力资本		中人力资本		高人力资本	
	回归系数	P 值	回归系数	P 值	回归系数	P 值
DID	- 0. 5461 ***	0. 00	- 0. 7180 ***	0. 00	- 0. 5941 ***	0. 00
ER	- 1. 0205 ***	0. 00	- 0. 0838	0. 83	- 1. 2533 ***	0. 00
DID × ER	- 0. 2640	0. 44	0. 9192	0. 39	0. 8588 **	0. 03
控制变量	是		是		是	
C	3. 5362 ***	0. 00	- 24. 2852 ***	0. 00	- 3. 8457 **	0. 04
AR(1)	0. 0213					
AR(2)	0. 3300		0. 0389		0. 0358	
AR(3)			0. 8035		0. 5507	
sargon	0. 1070		0. 1266		0. 1242	

注：* 、** 、*** 分别表示在 10% 、5% 、1% 的水平上通过显著性检验。

从表 5 - 9 可以看出，在低人力资本水平下，环境规制对人均碳排放的回归系数显著为负，表明环境规制有利于降低人均碳排放，试点政策与环境规制的交互项对人均碳排放的回归系数作用不显著。在中人力资本下，环境规制、环境规制与试点政策的交互项对人均碳排放的作用均不显著。在高人力资本下，环境规制的回归系数显著为负，表明环境规制在该样本下对人均碳排放具有显著的抑制影响，交互项的回归系数显著为正，意味着在该样本下环境规制在新型城镇化建设与碳排放之间具有正向调节影响，即新型城镇化建设对碳排放的抑制效应随环境规制强度的提升呈增强趋势。

综上所述，在大规模城市、东部地区、高经济规模、高人力资本样本下，环境规制在新型城镇化建设与人均碳排放之间存在正向调节作用，在环境规制的约束下，新型城镇化建设对人均碳排放的抑制效应显著，新型城镇化建设对人均碳排放的抑制效应随环境规制强度的提升呈增强趋势。在西部地区，环境规制促进了人均碳排放，弱化了新型城镇化建设的碳减排效果。

5.5 本章小结

本章主要为了探究新型城镇化建设实现碳减排的深层次作用机理。首先，提出环境规制在新型城镇化建设与碳排放之间具有调节效应，且环境规制通过调节经济集聚、产业结构高级化、技术进步和对外开放等对碳排放的抑制效应，间接调节了新型城镇化建设对碳排放的抑制效应，并进行作用机理分析和假说提出。其次，构造调节效应模型进行环境规制的调节效应检验；构建有中介的调节效应模型对新型城镇化建设实现碳减排的深层次机理进行实证检验；并基于 EKC 模型构建环境规制约束下的调节效应模型对环境规制影响碳排放的深层次机理进行稳健性检验。最后，进行调节效应的异质性分析。结果表明：

（1）环境规制在新型城镇化建设与碳排放之间不仅具有中介效应，还存在正向调节效应；新型城镇化建设对碳排放的抑制效应随着环境规制强度的提升呈增强趋势。

（2）环境规制通过调节经济集聚、产业结构高级化、技术进步和对外开放等对碳排放的抑制效应，间接调节了新型城镇化建设对人均碳排放的抑制效应。

（3）随着环境规制强度的提升，新型城镇化建设对经济集聚的促进作用下降，对产业结构高级化的促进作用显现，对技术进步的影响由抑制转为促进，对外商直接投资的引力下降。

（4）在新型城镇化建设中，绿色技术进步的碳减排效果最佳，其次为产业结构高级化，最后为经济集聚和对外开放，且经济集聚、产业结构高级化、技术进步和对外开放等随环境规制强度的提升对碳排放的抑制效应呈增强趋势。

（5）在大规模城市、东部地区、高经济规模、高人力资本样本下，环境规制在新型城镇化建设与人均碳排放之间具有正向调节效应，同环境规制的中介效应的异质性分析得到的结论一致，即新型城镇化建设对碳排放的抑制效应随环境规制强的提升呈增强趋势。

第6章

新型城镇化建设对碳排放的
空间影响效应分析

 第3章运用双重差分模型验证了新型城镇化建设对碳排放具有直接政策影响；第4章明确了新型城镇化建设通过加强环境规制、增加基础设施建设和能源利用效率影响碳排放，且当前新型城镇化建设主要通过加强环境规制抑制碳排放；第5章探究了新型城镇化建设通过环境规制影响碳排放的深层次作用机制，即环境规制通过调节经济集聚、产业结构高级化、技术进步和对外开放等对碳排放的抑制效应，间接调节了新型城镇化建设对碳排放的抑制效应。前三章的研究皆是基于本地效应，解决了新型城镇化建设是否影响碳排放、如何影响碳排放、如何实现碳减排等问题。那么碳排放是否具有空间效应？在考虑空间因素后，新型城镇化建设对碳排放的影响是否发生作用？新型城镇化建设对邻近地区的碳排放是否存在空间溢出效应？上述问题的解决有利于各个地区采取联防联治措施，通过信息交流、经验学习等途径降低本地的碳排放。

 基于上述分析，首先，本章提出"新型城镇化建设对碳排放具有空间溢出效应"的假说，并进行机理分析；其次，运用空间相关性模型验证人均碳排放的空间相关性，采用马尔可夫链和空间马尔可夫链模型分析人均碳排放的空间溢出效应；最后，构建空间双重差分法模型进行空间影响效应检验，并进行稳健性检验和异质性分析。

6.1 空间影响效应的机理分析与研究假说

空间效应反映的是空间的相互作用和空间结构的变化，依据地理学定律，分布在空间的事物存在某种联系，地理空间上距离越近联系越密切。比如受到外力的影响导致某地区的碳排放有所下降，如果周围地区的碳排放相对较高，则该地区的碳排放在较短时间内可能下降，但从长期来看碳排放可能有所回升。因为碳排放具有流动性，空气中的气体相互流动或挤压，导致碳密度相对较高的地区向碳密度相对较低的地区流动，该地区碳排放下降，则会导致周边地区的碳排放也有所下降，在空间结构上表现为"低低"集聚。若某个地区的碳排放增加，也会随着空间流动扩散到碳排放相对较低的地区，导致周围地区的碳排放有所上升，在空间结构上表现为"高高"集聚。若某地区的碳排放大量增加，而周围地区的碳排放受外力影响导致碳排放显著下降，在短期内表现为"高低"集聚。因此由于空气具有流动性，区域的碳排放具有显著的空间效应①。

若在某个地区先行实施某项政策，该政策实施对周围地区存在双重影响。一方面，若某地区率先实行某一政策，为了该政策的顺利推行，当地政府一般选择将资源或优惠政策分配到政策先行区，不仅有利于当地资源的重新配置，也有利于提高生产效率。出于经济发展或优惠政策的考虑，企业、劳动力和资本也可能向政策先行区集聚，促进当地经济社会的快速发展，而对邻近地区的发展也具有相应的抑制效应，表现为"虹吸效应"效应。另一方面，政府选取的政策先行区一边都是经济相对较为发达的地区，政策实施后，出于城乡一体化、生态环境保护等因素，政策先行区的企业可能将已有的、相对落后的产能向周围转移，连带着将相关人才、技

---

① 陶爱萍，杨松，李影. 城镇化质量对碳排放空间效应的影响——以长三角地区16个城市为例［J］. 城市问题，2016（12）：11-18.

术与资金转移，通过这样的一种方式促进了邻近地区的发展，形成了所谓的"涓滴效应"。总之，政策的实施对邻近地区产生正反两方面的影响。

新型城镇化试点政策实施对邻近地区的碳排放也具有双重影响。一方面，新型城镇化试点政策的实施可能促进邻近地区碳排放的增加。随着新型城镇化试点政策的实施，该地区的基础设施建设和公共服务水平提升，基础设施建设需要消耗大量能源产生较多的碳排放，随着基础设施建设的完善和公共服务水平的提升，可能通过"虹吸效应"，吸引众多企业和人口在此集聚，由此形成了人口集聚和经济集聚，两者皆增加了能源需求，促进当地碳排放的显著增加，从而对邻近地区的碳排放存在正向影响；试点政策先行区为经济较为发达地区，为了当地生态环境保护，可能通过"涓滴效应"将已有的、相对落后的产能向周围转移，虽然带动了周围地区的经济增长，但也会消耗大量能源促进邻近地区碳排放的增加。另一方面，新型城镇化试点政策的实施可能会降低邻近地区的碳排放。新型城镇化试点地区对本地的碳排放主要表现为减排效应，抑制了本地碳排放的增加，碳排放因存在空间效应，也会降低邻近地区的碳排放；试点地区通过"涓滴效应"转移产业的同时，也会将资金、人才、技术等转移至近邻地区，人力资本的累积效应有利于降低碳排放，技术进步对碳排放具有抑制效应；政策先行区一般具有较为丰富的经验，邻近地区通过向政策先行区进行信息交流、经验学习、政策学习、要素流动等手段有利于降低碳排放。由此提出假说6.1：

假说6.1：新型城镇化建设对碳排放具有空间溢出效应，但具体作用方向有待进一步证实。

6.2 空间计量模型

双重差分模型假定个体处理效应具有稳定性（Stable Unit Treatment Value Assumption，SUTVA）。SUTVA最重要的一点是"处理组个体不会影响控制组个体"[①]。然而，当存在空间溢出效应时，SUTVA 不再成立[②]。比如，某些地区为政策先行区，其他地区尚未实施该政策，则政策实施不仅对政策先行区产生影响，也可能对其他地区产生影响，因为非政策实施区域可通过向先行区学习、信息交流等途径获得政策实施福利。因此，若某项政策长期实施，可能对较大范围的区域产生普遍影响，有必要运用空间双重差分法（SDID）对模型进行进一步的拓展探究。

6.2.1 空间相关性检验模型

在进行 SDID 模型之前，需要对人均碳排放的空间效应进行检验，而目前常用的空间检验方法是探索性空间数据分析法（ESDA），研究某一属性值在相关区域空间上的关联集聚程度，分为描述指定属性在整个空间集聚性的全局空间自相关，和进一步分析具体局部单元属性与周围相邻空间集聚性的局域空间自相关[③]。

1. 全局空间自相关

全局相关性检验应用于整个区域空间单元之间的关联，常用 Global Moran's I 指数进行度量，表达式如下所示。

$$
\begin{aligned}
I &= \frac{\sum\limits_{i=1}^{n} \sum\limits_{j\neq1}^{n} w_{ij}(X_i - \bar{X})(X_j - \bar{X})}{S^2 \sum\limits_{i=1}^{n} \sum\limits_{j\neq1}^{n} w_{ij}} \\
\bar{X} &= 1/n \sum_{i=1}^{n} X_i \\
S^2 &= \frac{1}{n} \sum_{i=1}^{n} (X_i - \bar{X})^2
\end{aligned}
\tag{6.1}
$$

① Rubin D. B. Estimating casual effects of treatment in randomized and nonrandomized studies [J]. *Journal of Educational Psychology*, 1974, 66 (5): 688 – 701.

② Kolak M., Anselin L. A spatial perspective on the econometrics of program evaluation [J]. *International Regional Science Review*, 2019, 43 (2): 128 – 153.

③ 黄和平，李亚丽，杨斯玲. 中国城镇居民食物消费碳排放的时空演变特征分析[J]. 中国环境管理，2021, 13 (1): 112 – 120.

式（6.1）中，w_{ij} 表示空间权重矩阵；n 表示空间单元个数，X_i 与 X_j 分别代表第 i 个和第 j 个空间单元的人均碳排放的观测值；S^2 为观测值方差；$\overline{X}$ 是观测值平均值。通常，Moran's I 的取值范围一般介于 $-1 \sim 1$，通过计算 Global Moran's I 指数可以明确人均碳排放在整个区域的空间特征。在显著水平一定时，如 Global Moran's I 显著为正时，表明人均碳排放呈正空间自相关，在空间上呈现出集聚态势（即高值与高值相邻，低值与低值相邻），且值越大，空间集聚态势越明显；如 Global Moran's I 显著为负，则表明人均碳排放在空间上呈分异态势；如果 Global Moran's I 为 0，则说明人均碳排放在空间上呈现出随机分布态势，相互独立。另外，Global Moran's I 值越趋近 1，空间集聚程度越强，空间差异越小；Global Moran's I 值越趋近 -1，空间集聚程度越弱，空间差异越大。

对于空间是否存在自相关性，常采用统计检验的方式，即 Z 检验，Z 值为正且显著时，表明存在正的空间自相关，Z 值为负且显著时，表明存在空间分异，Z 值为零时，观测值呈独立随机分布，表达式如下所示。

$$Z(I) = \frac{I - E(I)}{\sqrt{VAR(I)}} \tag{6.2}$$

式（6.2）中，$Z(I)$ 为标准化统计量；$E(I)$ 为期望值；$VAR(I)$ 为方差。

2. 局部空间自相关

Global Moran's I 指数只能反映整体空间的相关性，不能反映局部的集聚类型。局部空间自相关分析用来描述局部地区的空间特征，即邻近地区的空间关联性，与 Moran 散点图相结合，可以明晰其空间分布情况，而局部自相关 LISA 指数则可以探究空间单元是属于高值集聚还是低值集聚。

Moran 散点图基于空间滞后因子和人均碳排放的离差值，将空间分为四个象限，并对应于四种空间局部特性。其中，第 I 象限为高—高集聚（H－H）区：高属性值区域被高值区域包围，即人均碳排放高的城市周围也是人均碳排放高的城市；第 III 象限为低—低集聚（L－L）区：低属性值区域被同样是低值区域包围，即人均碳排放低的城市周围也是人均碳排放低的城市；H－H 和 L－L 皆为空间正相关，呈空间集聚特性；而第Ⅱ象限和第Ⅳ象限分别为低—高（L－H）和高—低集聚（H－L）区，呈空间负相关，表现为空间分异特性。通过 Moran 散点图可以反映出地区之间的空间集聚形式，且可判断集聚群体在空间的分布情况，但其不能反映局部空间相关的显著性。

LISA 既可以反映单元之间的局部空间显著性，还可以反映具有集聚形式的空间单元，这些空间单元是由于全局空间联系造成的显著影响。本书采用 LISA 统计量衡量局部空间自相关性，揭示空间单元的集聚形式，表达式如下所示。

$$Lisa_i = \frac{(x_i - \bar{x})}{S^2} \sum_{i=1, j \neq 1}^{n} w_{ij}(x_i - \bar{x}) = Z_i \sum_{i=1, j \neq 1}^{n} w_{ij} z_j \qquad (6.3)$$

其中，z_i 和 z_j 各自表示空间单元 i 和 j 上观测值的标准化，$Z_i = (x_i - \bar{x})/S$，$\sum_{j=1, j \neq 1}^{n} w_{ij} z_j$ 是空间滞后向量，同样采取 Z 值检验。

6.2.2　空间马尔可夫链模型

1. 马尔可夫链

由于许多地理现象的演变过程均具备无后效性特征，无后效性指某事物的状态在当前阶段确定后，后续过程的变化不受现在及之前状态及决策的影响，而马尔可夫链恰能反映该种特征，被普遍用于地理学中，可用于分析人均碳排放的演化过程[①]。马尔可夫链将不同时间点下的某个指标按照某种属性划分为 k 种类型，进而计算该指标每种类型的概率分布、类型转移情况、发生转移的概率等，由此在研究时间内构成了 $k \times k$ 矩阵。本

---

① 潘文卿. 中国的区域关联与经济增长的空间溢出效应 [J]. 经济研究，2012，47（1）：54 - 65.

书基于人均碳排放每种类型的城市数量相近原则，按照四分位数（0.25/0.5/0.75）划分为4种类型，k越大表示城市人均碳排放水平越高。在定义状态类型时，将由低类型转移为相对较高的类型定义为向下转移，反之则为向上转移，具体表达式如下[①]。

$$m_{ij} = \frac{n_{ij}}{n_i} \qquad (6.4)$$

式（6.4）中，m_{ij}为属于类型i的区域在下一时间段转移为j类型的概率，n_{ij}表示类型i的区域在整个研究期内在下一时间段转移为j类型的数量；n_i是类型i发生转移的所有区域数量总和。

2. 空间马尔可夫链

由于区域之间存在联系，彼此作用从而产生了空间溢出效应，明确区域之间是否存在空间溢出效应，有利于区域之间采取相应措施实现共同发展，而空间马尔可夫链可以较好反映某指标在空间上是否存在溢出效应。空间马尔可夫链是在传统马尔可夫基础上考虑"空间滞后"。区域之间在地理空间上并不是一个独立个体，而是相互联系的，因此该地区可能受到邻近地区的影响，即邻近地区某一指标的状态会对本地该指标的变化过程产生影响，空间马尔可夫链可以反映出邻域对本地状态的影响[②]。区域a在t时点空间滞后类型为k的条件下，由状态类型i转移至$t+1$时刻类型为j的概率表达式如下。

$$Lag_a = \sum Y_b W_{ab} \qquad (6.5)$$

式（6.5）中，Y_b为区域b的人均碳排放，空间权重矩阵W_{ab}表示有邻接关系的区域a和b的空间关系。通过传统和空间两种转移矩阵中的元素对比分析，可得出人均碳排放的概率转移类型、概率分布类型与周围邻居的关系等。如果两种矩阵中的所有元素皆相同，说明邻居对本地的碳排

———————

① 王少剑，黄永源. 中国城市碳排放强度的空间溢出效应及驱动因素 [J]. 地理学报，2019，74（6）：1131 - 1148.

② 陈培阳，朱喜钢. 中国区域经济趋同：基于县级尺度的空间马尔可夫链分析 [J]. 地理科学，2013，33（11）：1302 - 1308.

放转移类型没有影响。

6.2.3 空间双重差分模型

空间计量经济学模型是基于空间权重，研究自变量与因变量的空间作用关系的一种计量经济学方法，主要模型有三种：空间杜宾模型（SDM）、空间自回归模型（SAR）或空间滞后模型（SLM）、空间误差模型（SEM）。SDM 是讨论空间回归的起点，可反映空间溢出效应，其具体表达式如下[①]。

$$Y_{it} = \rho W Y_{it} + \beta X_{it} + \theta W X_{it} + \varepsilon_{it} \tag{6.6}$$

式（6.6）中，β、θ 表示待估参数，Y_{it} 为在 i 地区 t 时点的因变量，X_{it} 为外生解释变量，W 为空间权重矩阵，ρ 表示空间回归相关系数，ε_{it} 为随机误差项；ρ 的显著性反映各地级城市之间的空间相关性，ρ 数值的大小则反映城市之间人均碳排放的空间溢出效应和扩散效应的平均强度。由于在空间计量模型中纳入空间权重矩阵，模型回归结果不再是简单的线性关系。勒沙态（LeSage）和佩斯（Pace）将 SDM 回归结果划分为直接效应、间接效应和总效应。

当 $\theta = 0$ 时，SDM 退化成 SAR 或 SEM，主要通过自回归项，识别邻近地区的自变量对本地区因变量是否具有影响，其实质是将空间滞后变量纳入标准计量模型中。因此，具体公式如下。

$$Y_{it} = \rho W Y_{it} + \beta X_{it} + \varepsilon_{it}$$
$$\varepsilon_{it} \sim N(0, \sigma^2 I_n) \tag{6.7}$$

式（6.7）中，ε_{it} 表示随机误差项向量。

当 $\theta + \rho\beta = 0$ 时，SDM 退化成 SEM，SEM 模型与 SAR 模型的区别在于，SEM 模型识别邻近地区的因变量对本地区的因变量的影响，空间效应

---

① LeSage J. P., Pace R. K. *Introduction to Spatial Econometrics* [M]. New York：CRC Press，2009：513 - 514.

存在于随机误差项中，具体表达式如下。

$$Y_{it} = \beta X_{it} + \varepsilon_{it}$$

$$\varepsilon_{it} = \lambda W \varepsilon_{it} + \mu_{it} \qquad (6.8)$$

$$\mu_{it} \sim (0, \sigma^2 I_n)$$

式（6.8）中，λ 表示回归残差的空间自回归系数；ε_{it} 表示随机误差向量；μ_{it} 为正态分布的随机误差向量。

参考前人研究，在基准 DID 模型的基础上考虑空间因素，构建空间双重差分模型（SDID）①，具体表达式如下。

$$Y_{it} = \rho W Y_{it} + \alpha_1 DID + \alpha_2 W DID + \beta_1 control_{it} +$$

$$\beta_2 W control_{it} + \mu_i + v_t + \varepsilon_{it} \qquad (6.9)$$

式（6.9）中，W 为空间权重矩阵；α_2 为新型城镇化建设对人均碳排放的溢出效应，该溢出效应不仅发生在试点地区与非试点地区之间，而且发生在试点地区之间，在考虑空间因素的情况下，新型城镇化建设对人均碳排放的总效应为 $\alpha_1 + \alpha_2$。

6.2.4 空间权重矩阵

在处理组实施的某项政策不会对全域内所有地区产生相同的影响，距离越近或者经济发展相近的地区可能空间溢出效应较为显著。即政策的实施对周围地区的影响与地理距离或经济发展差距呈负相关，而空间权重矩阵就是围绕着这种关系进行研究设计的。

在计量回归前需定义空间权重矩阵，以明确城市之间存在何种关系。一般将空间权重矩阵分为：邻接空间权重矩阵，反映两个地区在地理空间上相邻；经济距离空间权重矩阵，反映两个不同地区在经济上的联系程

---

① 邓荣荣，张翱祥，陈鸣. 长江经济带高铁开通对城市生态效率的影响——基于 DID 与 SDID 的实证分析 [J]. 华东经济管理，2021，35（5）：1 - 11.

度；地理矩阵空间权重矩阵，反映两个地区在地理空间上的距离①。一般经济发展相近的地区，联系较为紧密，经济距离权重矩阵常采用两个地区的 GDP 差异倒数表示，城市间的 GDP 差异越大，所赋的权值就越小；邻接权重矩阵取决于两个单元是否相邻，邻接权重矩阵表示如下。

$$W_{ij} = \begin{cases} 1，若区域\ i\ 和区域\ j\ 相邻 \\ 0，若区域\ i\ 和区域\ j\ 不相邻 \end{cases} \qquad (6.10)$$

地理学中常用距离指标衡量空间距离权重②，具体表达式如下。

$$W_{ij} = \begin{cases} 1/d_{ij}，i \neq j \\ 0，i = j \end{cases} \qquad (6.11)$$

式（6.11）中，d_{ij} 表示 i 地区和 j 地区的欧式距离，本书用各地级市行政中心的经纬度坐标来衡量。因此，在后续的研究中将采用一阶邻接权重矩阵和地理权重矩阵进行面板数据的空间计量回归，以增加研究结果的可靠性和稳健性。

6.3 人均碳排放的空间效应分析

6.3.1 全局空间自相关结果分析

在进行空间双重差分的估计前，需要对研究区域 164 个地级市人均碳排放的空间相关性进行验证，本书借助 Stata14.0 软件，利用空间探索性数据分析方法，基于地理距离权重矩阵和一阶邻接权重矩阵，测度了人均碳排放的全局 Moran's I 指数，测算结果见表 6-1。从表 6-1 中可以看

① 王锋，秦豫徽，刘娟，等. 多维度城镇化视角下的碳排放影响因素研究——基于中国省域数据的空间杜宾面板模型 [J]. 中国人口·资源与环境，2017，27（9）：151-161.
② Tober W. R. A computer movie simulating urban growth in the Detroit region [J]. *Economic Geography*，1970，46（2）：234-240.

出，在 2000 ~ 2019 年研究区域内 164 个地级城市的人均碳排放的全局 Moran's I 均为正，且 Z 值均在统计学上显著，意味着 164 个地级城市的人均碳排放在空间上呈显著的集聚态势。基于一阶邻近权重矩阵得到的全局 Moran's I 指数在总体上呈下降趋势，而基于地区距离权重矩阵得到的全局 Moran's I 指数在总体上呈上升趋势，可能的原因是人均碳排放的空间正相关在相邻地区的集聚态势在减弱，但在更大范围内的集聚态势在加强，两种空间权重下的全局莫兰指数均表明人均碳排放存在显著的空间正相关。

表 6 – 1　　2010 ~ 2019 年人均碳排放的 Global Moran's I 指数统计值

年份	一阶邻近权重矩阵			距离权重矩阵		
	Moran's I	Z 值	P 值	Moran's I	Z 值	P 值
2010	0. 272 ***	5. 006	0. 00	0. 038 ***	4. 100	0. 00
2011	0. 280 ***	4. 695	0. 00	0. 035 ***	3. 781	0. 00
2012	0. 289 ***	4. 336	0. 00	0. 035 ***	3. 835	0. 00
2013	0. 271 ***	4. 622	0. 00	0. 036 ***	3. 895	0. 00
2014	0. 261 ***	3. 659	0. 00	0. 038 ***	4. 072	0. 00
2015	0. 266 ***	4. 321	0. 01	0. 047 ***	4. 931	0. 00
2016	0. 269 ***	4. 063	0. 01	0. 046 ***	4. 791	0. 00
2017	0. 240 **	4. 314	0. 02	0. 050 ***	5. 214	0. 00
2018	0. 247 ***	3. 561	0. 00	0. 051 ***	5. 281	0. 00
2019	0. 222 ***	3. 831	0. 01	0. 058 ***	5. 991	0. 00

注：*、**、*** 分别表示在 10%、5%、1% 的水平上通过显著性检验。

6.3.2　局部空间自相关结果分析

由于全局自相关是从整体上反映地级市人均碳排放的空间分布特征和相关性的，它不能具体反映局部人均碳排放在空间上的集聚和离散情况。另外，Global Moran's I 指数也存在一定的局限性，因为很可能会出现某个空间单元正相关与另一个空间单元负相关抵消后的剩余值，如有些地级市人均碳排放是正相关，而有些则是负相关，那么就会出现两者相抵消的情况，Global Moran's I 表现出来的结果就是不存在空间相关性。所以，还需要运用 Moran 散点图和 Local Moran's I 对人均碳排放的局部空间分布状况进行更加客观的描述。

为了便于说明，仅以基于邻接矩阵为例，对局部空间自相关进行解释。运用等距法选取了 2010 年、2013 年、2016 年和 2019 年 4 个年份，输出研究区域内人均碳排放的 Moran 散点图。根据图 6-1 所示，具体情况如下：2010 年在第 I 象限的有 41 个城市，第三象限有 71 个城市，合计占地区总数的 68.29%；2013 年有 39 个城市在第 I 象限，72 个城市在第三象限，合计占总数的 67.68%；2016 年有 33 个城市在第 I 象限，78 个城市在第三象限，合计占总数的 67.68%；2019 年在第 I 象限的有 29 个城市，第三象限有 71 个城市，合计占地区总数的 60.98%；正空间集聚呈递减趋势。另外，从两个负向空间集聚情况来看，在代表性年份处于第 II 象限和第 IV 象限的地区数量皆较少，具体来看：2010 年分别有 29 个和 23 个地区在第 II 象限和第 IV 象限，合计占总数的 31.71%；2013 年分别有 32 个和 21 个在第 II 象限和第 IV 象限，合计占总数的 32.32%；2016 年分别有 32 个和 21 个在第 II 象限和第 IV 象限，合计占总数的 32.32%；2019 年分别有 30 个和 34 个在第 II 象限和第 IV 象限，合计占总数的 39.02%；空间异质性呈增强趋势。

Moran 散点图反映了研究对象整体的集聚类型，Local Moran's I 反映了局部的集聚类型，LISA 集聚图可反映出具体区域的集聚类型，从而阐释各城市的空间交互作用。LISA 图中结果根据人均碳排放与空间滞后值的关系，同样可分为四种类型的空间相关性：高—高集聚型（H-H 型）；低—高集聚型（L-H 型）；低—低集聚型（L-L 型）；高—低集聚型（H-L 型）。其中，高—高集聚型和低—低集聚型代表空间正相关，说明区域人均碳排放差异较小；高—低集聚型和低—高集聚型则代表空间负相关，说明区域人均碳排放差异较大。具体结果见表 6-2。

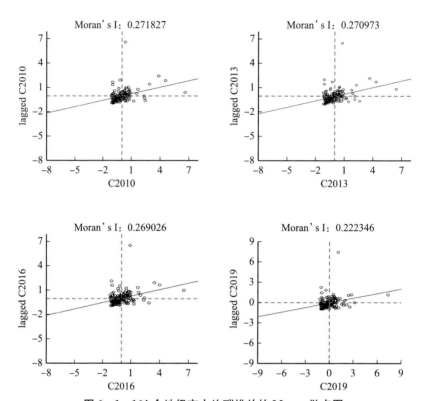

图 6 - 1　164 个地级市人均碳排放的 Moran 散点图

表 6 - 2　　　　　　　　　主要年份人均碳排放 LISA 集聚

年份	高—高集聚	低—高集聚	低—低集聚	高—低集聚
2010	乌兰察布市、广州市、东莞市、深圳市	惠州市	汉中市、内江市、泸州市、宜宾市、乐山市、邵阳市、衡阳市、梅州市、信阳市、驻马店市、周口市、商丘市、淮北市、亳州市、淮南市、阜阳市	南宁市、武汉市
2013	乌兰察布市、东莞市、深圳市、营口市	惠州市、咸宁市、鄂州市	梅州市、邵阳市、衡阳市、内江市、泸州市、宜宾市、乐山市、汉中市、信阳市、驻马店市、周口市、商丘市、淮北市、淮南市	武汉市
2016	乌兰察布市、广州市、东莞市、深圳市	惠州市、咸宁市、鄂州市	梅州市、邵阳市、衡阳市、内江市、泸州市、宜宾市、乐山市、汉中市、信阳市、驻马店市、周口市、商丘市、宿州市、淮北市、亳州市、阜阳市、六安市、芜湖市	武汉市

年份	高—高集聚	低—高集聚	低—低集聚	高—低集聚
2019	乌海市、乌兰察布市、广州市、东莞市	湛江市、咸宁市、鄂州市	梅州市、邵阳市、衡阳市、内江市、泸州市、宜宾市、乐山市、汉中市、信阳市、驻马店市、周口市、阜阳市、淮北市、亳州市、合肥市、池州市	武汉市

由表 6 - 2 可知：（1）2010 年研究区内有 23 个地级城市呈现显著的 LISA 集聚现象。其中，乌兰察布市、广州市、东莞市、深圳市 4 个地区呈现 H - H 型集聚；惠州市呈现 L - H 型集聚；汉中市、内江市、泸州市、宜宾市、乐山市、邵阳市、衡阳市、梅州市、信阳市、驻马店市、周口市、商丘市、淮北市、亳州市、淮南市、阜阳市共 16 个地区呈 L - L 型集聚；南宁市和武汉市呈 H - L 型集聚。（2）2013 年研究区内有 21 个地级城市呈现显著的 LISA 集聚现象。其中，乌兰察布市、东莞市、深圳市、营口市 4 个地区呈现 H - H 型集聚；惠州市、咸宁市和鄂州市呈现 L - H 型集聚；梅州市、邵阳市、衡阳市、内江市、泸州市、宜宾市、乐山市、汉中市、信阳市、驻马店市、周口市、商丘市、淮北市、淮南市共 14 个地区呈 L - L 型集聚；武汉市呈 H - L 型集聚。（3）2016 年研究区内有 26 个地级城市呈现显著的 LISA 集聚现象。其中，乌兰察布市、广州市、东莞市、深圳市 4 个地区呈现 H - H 型集聚；惠州市、咸宁市和鄂州市呈现 L - H 型集聚；梅州市、邵阳市、淮北市、信阳市、衡阳市、宿州市、内江市、驻马店市、泸州市、宜宾市、亳州市、周口市、乐山市、汉中市、商丘市、阜阳市、六安市、芜湖市共 18 个地区呈 L - L 型集聚；武汉市呈 H - L 型集聚。（4）2019 年研究区内有 24 个地级城市呈现显著的 LISA 集聚现象。其中，乌海市、乌兰察布市、广州市、东莞市 4 个地区呈现 H - H 型集聚；湛江市、咸宁市、鄂州市呈现 L - H 型集聚；梅州市、信阳市、邵阳市、亳州市、衡阳市、内江市、周口市、淮北市、泸州市、宜宾市、驻马店市、乐山市、汉中市、合肥市、池州市、阜阳市共 16 个地

区呈 L - L 型集聚；武汉市呈 H - L 型集聚。总体来看，乌兰察布市和东莞市始终呈现高—高型集聚；武汉市始终呈现高—低型集聚；低—高型集聚由惠州市扩展至惠州市、咸宁市和鄂州市，最后转移至湛江市、咸宁市和鄂州市；而低—低型集聚主要集中在湖南、四川、河南、安徽境内。

6.3.3　空间溢出效应结果分析

虽然空间自相关可以反映某指标的空间集聚特征，但不能反映出该指标是否发生变化，而通过对传统和空间马尔可夫链矩阵中的元素对比，可以反映人均碳排放在空间上的动态溢出效应。本书基于人均碳排放值的大小按照分位数将其分为 4 种类型：在 25% 以下界定为低水平、介于 25% ~ 50% 的定义为中低水平、中高水平处于 50% ~ 75%、高水平则为在 75% 以上，分别对应 k = 1，2，3，4，然后以滞后一年的条件计算得到人均碳排放的转移概率矩阵。

表 6 - 3 为传统马尔可夫矩阵下的人均碳排放变化类型。对角线上的值为未改变的概率；非对角线上的值是发生变化的概率。从表 6 - 3 中可看出：（1）在概率矩阵中，对角线上的值最高为 95.3%，最低为 83.7%，表明人均碳排放保持不变的概率最低为 83.7%，在对角线两侧最高值为 11.3%，意味着人均碳排放发生改变的最高概率为 11.3%；且在对角线上的值高于两侧值，意味着城市人均碳排放类型具有较强的稳定性。（2）在对角线上，位于中间的中低（86.6%）和中高（83.7%）两种类型与两端相比，稳定性较低，两端低水平稳定性概率为 93.4%，高水平稳定性概率为 95.3%；人均碳排放有 2.1% 的概率由中低水平降为低水平，而存在 11.3% 的概率由中低水平转为中高水平，而中高水平的人均碳排放转为高水平的概率为 10.3%，高于转为中低水平的 5.7%，表明中—低和中—高两种类型的人均碳排放均有增强的趋势。（3）人均碳排放在连续相邻年份的类型转移中，保持低水平和高水平不变的概率分别为 93.4% 和 95.3%，表明其存在趋同的空间溢出效应，且人均碳排放高的地区对能源的依赖强

度较高，短期内该种形势难以改变，能源效率的提升也存在较大困难。
（4）人均碳排放类型若发生转移，多发生在相邻类型之间。这说明是通过技术进步降低碳排放不能一蹴而就，需要较长时间的努力。

表6－3　2010～2019年中国城市人均碳排放类型马尔可夫转移概率矩阵

本地状态	频数	1	2	3	4
	1476	25%	25%～50%	50%～75%	75%～100%
1	377	0.934	0.066	0.000	0.000
2	373	0.021	0.866	0.113	0.000
3	368	0.003	0.057	0.837	0.103
4	358	0.000	0.000	0.047	0.953

　　如果传统和空间两种概率矩阵中的元素皆相同，意味着邻居类型对本地区的转移无影响①。本书基于一阶邻近空间权重矩阵运用空间马尔可夫链方法展开进一步分析。表6－4反映了研究单元的人均碳排放的空间马尔可夫链概率转移情况。由表6－4可知，当邻域城市的人均碳排放为低水平时，本地人均碳排放保持低水平并不发生改变的概率为94.9%，由低水平转为中低水平的概率为5.1%；本地人均碳排放保持中低水平并维持不变的概率为83.3%，该指标存在15.3%的概率由中低转为中高，仅有1.4%的概率由中低转为低水平，由中低转为高水平的概率不存在，表明当邻域人均碳排放为低水平时，人均碳排放变强的趋势更为显著；本地人均碳排放为中高水平类型并保持稳定性的概率为77.9%，该指标由中高向高水平转移的概率为13.0%，有9.1%的概率由中高转移为中—低，而中—高转移为高水平的概率为0，即无法由中高水平突然变为低水平；本地人均碳排放有94.0%的概率为高水平且不发生改变，该指标有6.0%的概率由高水平转移为中—高水平，而由高水平转移为其他类型的概率为0，

---

　　① LeSage J. P., Pace R. K. *Introduction to Spatial Econometrics* [M]. New York：CRC Press, 2009：513－514.

可见，当邻域的人均碳排放为低水平时，本地人均碳排放保持低水平和高水平稳定性的概率更高，不存在跳跃式转移。

表 6 - 4　2010 ~ 2019 年中国城市人均碳排放类型空间马尔可夫链转移概率矩阵

邻域类型	本地状态	频数	1	2	3	4
		1476	25%	25% ~ 50%	50% ~ 75%	75% ~ 100%
1	1	118	0.949	0.051	0.000	0.000
	2	72	0.014	0.833	0.153	0.000
	3	77	0.000	0.091	0.779	0.130
	4	84	0.000	0.000	0.060	0.940
2	1	118	0.915	0.085	0.000	0.000
	2	133	0.023	0.880	0.098	0.000
	3	103	0.000	0.068	0.854	0.078
	4	67	0.000	0.000	0.045	0.955
3	1	92	0.902	0.098	0.000	0.000
	2	123	0.033	0.878	0.089	0.000
	3	120	0.008	0.050	0.817	0.125
	4	117	0.000	0.000	0.060	0.940
4	1	49	1.000	0.000	0.000	0.000
	2	45	0.000	0.844	0.156	0.000
	3	68	0.000	0.015	0.912	0.074
	4	90	0.000	0.000	0.022	0.978

当邻域城市的人均碳排放为中低水平类型时，本地区人均碳排放为低水平并维持不变的概率为 91.5%，由低水平转为中低水平的概率为 8.5%，且由低水平类型无法突然转变为中—高水平类型和高水平类型；本地区人均碳排放处于中—低水平类型并保持稳定的概率为 88.0%，由中—低水平类型转为中—高水平类型的概率为 9.8%，而中低水平类型不能突然转为高类型，由中—低水平类型转为低水平类型的概率为 2.3%，在邻域状态为中—低水平类型的条件下，人均碳排放增加的可能性更高；

本地区的人均碳排放为中—高水平类型并保持稳定性的概率为85.4%，由中—高水平类型转为高水平类型的概率为7.8%，人均碳排放由中—高水平类型转为中—低水平类型的概率为6.8%，而中高水平类型不能突然转为低水平类型；本地人均碳排放有95.5%的概率为高水平且不发生改变，而有4.5%的概率由高水平转为中—高水平，由高水平类型无法突然转为中低水平类型和低水平类型。由此可知，当邻域的人均碳排放为中低水平时，本地该指标有较高的概率维持在低水平和高水平，且人均碳排放增加的可能性大于减小的可能性。

当邻域城市的人均碳排放处于中高水平类型时，本地区的人均碳排放为低水平并保持稳定性的概率为90.2%，人均碳排放由低水平转为中—低水平的概率为9.8%，但由低水平类型无法转为中—高水平和高水平类型，即正向跳跃式转移是不存在的；本地人均碳排放处于中—低水平并不变的概率为87.8%，该指标有8.9%的概率由中—低转为中—高，而仅有3.3%的概率由中—低转为低水平，却无法转变为高水平；本地人均碳排放处于中高水平并保持稳定性的概率为81.7%，该指标由中高转移为高水平和中—低水平的概率分别为12.5%和5.0%，仅有0.8%的概率可实现跳跃式转移；本地区的人均碳排放为高水平类型并保持稳定的概率为94.0%，该指标有6.0%的概率由高水平转移为中—高水平，无法实现高水平向其他类型转移。

当邻近城市的人均碳排放处于高水平类型时，本地区人均碳排放处于低水平类型并保持稳定的概率为100%；本地区人均碳排放处于中低水平类型并保持稳定的概率为84.4%，存在15.6%的概率由中—低转为中—高水平；本地区的人均碳排放为中高水平类型并保持稳定的概率为91.2%，由中—高转为高水平和中低水平的概率分别为7.4%和1.5%；本地区的人均碳排放处于高水平类型并保持稳定的概率为97.8%，且高水平只能转移为中—高水平，转移的概率为2.2%。

根据上述分析，对比表6-3和表6-4，可以发现：（1）空间马尔可夫矩阵与传统马尔可夫矩阵对应元素的数值不一致，表明区域背景显著影响了本地人均碳排放的状态转移。（2）其整体稳定概率同传统马尔可夫链相似，同样存在"马太效应"，即人均碳排放有更高的概率维持低水平和高水平，且人均碳排放向更高类型转移的概率相对较高。（3）通常来说，若邻域人均碳排放为低水平区，本地该指标由相对水平较低的类型转移为相对水平较高的类型的概率减少，转移为相对水平较低的概率增加，则邻域人均碳排放负向作用于本地；若邻域人均碳排放为高水平区，本地该指标由相对水平较低的类型转移为相对水平较高的类型的概率增加，转移为相对水平较低的概率减少，则邻域人均碳排放正向作用于本地。在本书中，当邻域的人均碳排放为低水平时，本地该指标由低水平转移为中低水平的概率由 6.6% 降低至 5.1%，概率呈下降趋势，表明邻域的人均碳排放对本地该指标的转移类型存在正向影响；当邻域的人均碳排放状态类型为高水平时，该指标由高水平转移为中高水平的概率减少，同样证明了上述观点，且再次验证了人均碳排放存在空间集聚态势。（4）当本地人均碳排放为较低水平时，在邻域状态类型为 1、2、3、4 时，其向上转移的概率分别为 15.3%、9.8%、8.9%、15.6%，向下转移的概率分别为 1.4%、2.3%、3.3%、0%，说明人均碳排放较低的地区对人均碳排放低和高的邻居更敏感，人均碳排放中高类型的地区对人均碳排放低和中高的邻近更为敏感，表明不同区域状态类型受到区域背景的影响大小不同。

6.4　空间影响效应的回归结果分析

6.4.1　空间双重差分模型估计结果分析

根据前文人均碳排放的空间相关性和空间溢出检验结果，表明存在较强的空间效应，因此，应运用空间计量模型进行回归分析，并需要确定计量模型：首先，确定面板数据模型类别。在模型回归中，固定效应模型中 F 统计值为 296.04，对应 P 值为 0.00，且根据 Hausman 检验结果，chi2（5）=73.39，且 P 值为 0.00，确定应选取固定效应面板模型。其次，确定应该选择 SAR、SEM 和 SDM 模型，需进行 LM 检验，具体结果见表 6-5。根据 LM 检验结果，无论基于一阶邻近权重矩阵还是基于地理距离权重矩阵，SEM 的 robust LM 检验拒绝原假设，而 SAR 的 robust LM 检验接受原假设，且 SEM 的 robust LM 检验的效果更优，表明样本数据更适用于 SEM 模型。

表6-5   空间面板模型的 LM 检验

检验类型	一阶邻近权重矩阵		地理距离权重矩阵	
	统计值	P 值	统计值	P 值
Moran's I	3.521 ***	0.000	12.324 ***	0.000
LM – error	88.361 ***	0.000	144.355 ***	0.000
Robust LM – error	69.314 ***	0.000	32.265 ***	0.000
LM – lag	21.109 ***	0.000	113.789 ***	0.000
Robust LM – lag	2.063	0.151	1.698	0.193

注：*、**、*** 分别表示在10%、5%、1%的水平上通过显著性检验。

根据上述分析，本书基于两种空间权重矩阵，采用固定效应的 SEM 模型进行回归分析。根据前文分析，人均碳排放受到邻域的影响，且在不同区域该指标具有显著差异，所以忽视人均碳排放的地区差异会导致结果偏差。时间固定效应考虑了时间的影响，忽略了人均碳排放客观存在的区域差异，估计的结果相对较差，双固定效应模型是考虑了空间固定和时间固定的模型，因为避免了个体效应和时间效应对估计结果的影响，结果应该更为符合客观事实。且根据 AR 检验，皆拒绝了"双效应退化为时间效应或个体效应"的原假设，故应采用 SEM 的双固定效应模型进行分析。

从表6-6中可以看出，基于一阶邻接空间权重矩阵的双固定效应回归结果中，空间误差参数 ρ 为正且通过1%的显著性水平检验，说明城市人均碳排放存在正向空间溢出效应，本地的碳排放对周围邻近地区具有显著的正向影响，人均碳排放在空间上呈现"集聚"效应，同前文空间自相关和空间马尔可夫链分析得到的结论一致，因此，碳排放的治理需要各地政府间共同合作，必须联防联控、共同治理。试点政策对人均碳排放的回归系数为 -0.5114，通过1%的显著性水平检验，表明试点政策的实施在总体上对本地区人均碳排放的减排效果显著。基于地理距离空间权重的双固定效应回归结果中，试点政策对人均碳排放的回归为 -0.5113，两者回归系数差距不大，表明基于不同空间权重矩阵得到的结果具有稳健性，从整个研究对象来看，新型城镇化试点政策主要对本地区的人均碳排放具有显著的减排效果。

表 6 – 6   SDID 模型回归结果

权重类型	一阶邻近矩阵			地理距离矩阵		
回归模型	空间固定	时间固定	双固定	空间固定	时间固定	双固定
DID	-0.6546^{***} (0.00)	-0.8624^{**} (0.02)	-0.5114^{***} (0.00)	-0.6332^{***} (0.00)	-0.7982^{**} (0.04)	-0.5113^{***} (0.00)
x_1	0.2285 (0.19)	-4.4640^{***} (0.00)	0.2555 (0.13)	0.2395 (0.16)	-4.4018^{***} (0.00)	0.2557 (0.13)
x_2	-0.2767^{***} (0.00)	-3.3766^{***} (0.00)	-0.1257 (0.13)	-0.2749^{***} (0.00)	-3.3622^{***} (0.00)	-0.1274 (0.13)
x_3	-0.2755^{**} (0.03)	3.4615^{***} (0.00)	-0.3062^{***} (0.01)	-0.2811^{**} (0.03)	3.4438^{***} (0.00)	-0.3057^{***} (0.01)
x_4	0.6938^{***} (0.00)	0.4197^{***} (0.00)	0.7037^{***} (0.00)	0.6828^{***} (0.00)	0.4084^{***} (0.00)	0.7018^{***} (0.00)
x_5	1.0199^{***} (0.00)	3.7874^{***} (0.00)	0.5515^{**} (0.04)	0.9572^{***} (0.00)	3.8013^{***} (0.00)	0.5457^{**} (0.05)
x_6	0.2958^{***} (0.00)	0.7163^{***} (0.00)	0.0048 (0.93)	0.2681^{***} (0.00)	0.7562^{***} (0.00)	0.0069 (0.91)
ρ	0.1902^{*} (0.08)	0.3683^{***} (0.00)	0.4405^{***} (0.00)	0.7320^{***} (0.00)	0.2821^{**} (0.04)	0.5242^{***} (0.00)
R^2	0.2955	0.1349	0.2435	0.2953	0.1348	0.2438

注：＊、＊＊、＊＊＊分别表示在10%、5%、1%的水平上通过显著性检验。

6.4.2 空间影响效应的异质性分析

本书从空间角度将研究样本分为东部、中部、西部三个地区，并基于地理距离权重矩阵对空间影响效应进行异质性分析，LM 检验、Hausman 检验结果见表 6－7。从表 6－7 中可以看出，根据 Hausman 检验结果，在东部和中部地区，P 值均大于 0.1；在西部地区，P 值为 0，拒绝原假设，意味着对东部和中部地区的样本数据回归应选取随机效应模型，对西部地区样本的回归应采取固定效应模型。根据 LM 检验，在东部地区，应采用空间杜宾模型，LR 检验中，均拒绝"SDM 退化为 SEM""SDM 退化为 SLM"的原假设，再次证明东部地区应采用空间杜宾模型（SDM）。同理，中部地区应选择空间误差模型（SEM），而西部地区空间模型不显著，因此不应采用空间计量模型进行回归。接下来，本书分别采用 SDM 和 SEM 对东部和中部地区进行回归，回归结果见表 6－8。

表 6－7　　东部、中部、西部空间计量模型的检验结果

地区	东部		中部		西部	
	统计值	P 值	统计值	P 值	统计值	P 值
Hausman	chi2（9）= 8.29	Prob > chi2 = 0.3075	chi2（9）= 5.43	Prob > chi2 = 0.6075	chi2（9）= 91.81	Prob > chi2 = 0.00
SEM LM	66.423 ***	0.000	43.918 ***	0.000	0.083	0.773
SEM LM（*Robust*）	30.429 ***	0.000	54.267 ***	0.000	2.659	0.103
SLM LM	51.102 ***	0.000	0.089	0.766	0.669	0.413
SLM LM（*Robust*）	15.108 ***	0.000	10.438 ***	0.001	3.245 *	0.072
SDM 是否退化为 *SAR*	chi2(7) = 77.59 Prob > chi2 = 0.00					
SDM 是否退化为 *SEM*	chi2(7) = 98.57 Prob > chi2 = 0.00					

注：*、**、*** 分别表示在 10%、5%、1% 的水平上通过显著性检验。

表6-8 东部和中部地区空间计量估计结果

变量	东部				中部	
	回归系数	P 值	回归系数	P 值	回归系数	P 值
Main			Wx			
DID	-0.8076 ***	0.00	-524.9639	0.11	-0.5980 ***	0.00
x_1	0.5294 *	0.06	-385.7475	0.28	-0.1682	0.46
x_2	-0.7277 ***	0.00	-250.5646	0.57	-0.2466 ***	0.01
x_3	-0.7445 ***	0.00	-46.7473	0.90	0.2614	0.16
x_4	0.6634 ***	0.00	-130.8707	0.40	0.8935 ***	0.00
x_5	1.1046 ***	0.00	73.5350	0.87	0.7518 ***	0.00
x_6	0.1629	0.16	83.2020	0.67	0.3547 ***	0.00
ρ	0.6251 ***	0.00			0.5922 **	0.03

注：*、**、*** 分别表示在10%、5%、1%的水平上通过显著性检验。

从表6-8中可以看出，在东部地区，试点政策对人均碳排放的回归系数为-0.8076，通过1%的显著性水平检验；在中部地区，试点政策对人均碳排放的回归系数为-0.5980，通过显著性水平检验。从对比分析可发现，试点政策在东部地区的减排效果更为显著，且在东部地区存在空间溢出效应，而中部地区试点政策主要表现为本地效应。由于东部地区样本数据运用SDM回归，需进一步分解分析，具体结果见表6-9。

表6-9 东部地区的直接、间接和总效应

变量	直接效应		间接效应		总效应	
	回归系数	P 值	回归系数	P 值	回归系数	P 值
DID	-0.8142 ***	0.00	-0.4826 **	0.04	-1.2967 ***	0.00
x_1	0.5140 *	0.06	-0.2217	0.43	0.2923	0.46
x_2	-0.7147 ***	0.00	-0.2806	0.40	-0.9953 **	0.02
x_3	-0.7442 ***	0.00	-0.1171	0.69	-0.8613 **	0.02
x_4	0.6621 ***	0.00	-0.0418	0.71	0.6203 ***	0.00
x_5	1.1159 ***	0.00	0.1592	0.62	1.2751 ***	0.00
x_6	0.1625	0.17	0.0745	0.60	0.2370 *	0.09

注：*、**、*** 分别表示在10%、5%、1%的水平上通过显著性检验。

　　直接效应是本地区各影响因素对人均碳排放的影响，间接效应是邻近地区的各影响因素对本地区人均碳排放的影响，这两种效应之和就是总效应。从表6-9可以看出，试点政策在主效应和滞后效应中的回归系数均显著为负，表明在东部地区，新型城镇化试点政策的实施不仅对本地区的人均碳排放具有显著的减排效果，对周围邻近地区的人均碳排放也具有一定的减排效果，可能是新型城镇化试点政策的实施具有"示范效应"，本地区通过优化产业结构、提高环境规制强度、外商直接投资等手段降低了人均碳排放，而同处于发达地区的东部，信息流通便捷和频繁，且有较强的学习能力和实践基础，通过向政策先行区学习、交流、经验总结和要素流动等途径降低人均碳排放。

　　人口密度对本地区的人均碳排放具有正向促进作用，人口密度每提升1%，也会导致本地区的人均碳排放增加0.5140%，意味着东部地区人口密度越大，易造成"拥挤效应"，降低了公共资源共享效率，不利于降低人均碳排放。固定资产投资对本地区人均碳排放的回归系数为-0.7147，周围地区的固定资产投资对本地区人均碳排放作用不显著，固定资产投资主要用于交通、医疗、卫生、环保等方面，本地区的固定资产投资主要作用于当地，本地受影响最为显著，东部地区基础设施建设基本完备，固定资产投资主要用于提供公共服务水平和环保设施建设，有利于降低人均碳排放。建成区面积占比对人均碳排放的直接效应、间接效应皆为负，但在间接效应中不显著，说明土地城镇化主要对本地区的人均碳排放产生作用，一般而言，建成区面积越大，会挤占耕地和林地，土地的占用和基础设施的建设需要消耗较多能源产生碳排放，但对于东部地区而言，人口密度较大，土地面积的适当扩张一方面有利于降低人口密度，缓解拥挤效应，另一方面土地财政收入可用来环保设施建设，给企业购买环保设备补贴等，有利于降低人均碳排放。人力资本水平对人均碳排放的直接效应显著为正，周围地区的人力资本水平对本地区的人均碳排放影响不显著，东部地区多工厂，属于劳动密集型产业居多，能源需求量大，人力资本带来的技术溢出效应远低于能源消耗速度，因此，总体上对人均碳排放具有促进影响。人均收入水平对人均碳排放的直接效应显著为正,间接效应不显著,表明本地区的人均收入水平主要对本地区的人均碳排放产生影响,随着居民收入水平的提升,对物品需求增多,购买消耗能源的产品等,会产生较多碳排放。政府财政支出占比对人均碳排放的直接效应、间接效应均不显著,可能是地方财政收入一方面用于经济性公共物品支出,需要消耗大量能源,另一方面用于社会性公共物品支出,有利于降低碳排放,两者相互作用,导致政府财政支出对人均碳排放的作用不显著。

6.5 本章小结

本章为了探究在空间因素影响下新型城镇化建设对碳排放的影响发生何种变化,首先,对新型城镇化建设影响碳排放的空间作用机理进行分析,并提出相应假说;其次,对人均碳排放的空间相关性进行检验;最后,运用SDID对空间影响效应进行实证检验,并进行异质性分析。结果表明:

(1) 2010～2019年,研究区域内人均碳排放具有显著的空间正相关关系。

(2) 人均碳排放存在"马太效应",保持低水平和高水平的概率都要大于保持中低水平和中高水平的概率,且向下转移的概率大于向上转移的概率;区域背景对于区域的状态具有正向影响,不同区域状态类型受到区域背景的影响大小不同,人均碳排放较低的地区对人均碳排放低和高的邻居更敏感,人均碳排放中—高类型的地区对人均碳排放低和中—高的邻居更为敏感;新型城镇化建设对能源效率存在路径依赖,实现技术进步和降低人均碳排放是一个持续的、渐进的过程,在短时间内较难实现跨越式发展。

(3) 总体样本回归结果表明,新型城镇化试点政策主要对本地区的人均碳排放具有显著的减排效果。

（4）在东部地区，新型城镇化试点政策不仅对本地区的人均碳排放具有显著的减排效果，对周围地区的人均碳排放也具有一定的减排效果，但直接效应显著大于间接效应；在中部地区，试点政策主要对本地区的人均碳排放具有显著减排效果；西部地区的空间影响效应不显著。

第7章

结论、建议与展望

　　2014 年颁布的《规划》明确了新型城镇化建设的目标之一——实现低碳城市建设；2019 年和 2020 年相继颁布了诸多有关新型城镇化建设的文件，提出新型城镇化建设应重视高质量发展，实现生态与经济的协调发展，国家对碳减排的重视日益提高；2020 年，提出了"双碳"目标，"双碳"目标的制定表明中国政府碳减排的决心。但新型城镇化建设是一个长期而复杂的过程，伴随着人口和产业集聚等，需要大量基础设施和公共服务建设，对能源需求显著增加，产生大量碳排放，如何在新型城镇化建设中实现碳减排是需要解决的现实问题。

　　在此背景下，本书以首批新型城镇化试点地区，剔除 4 个直辖市，进一步剔除 25 个试点县（区）所在的地级市样本，保留 59 个地级城市作为实验组；同时剔除第二批、第三批新型城镇化试点名单，考虑数据的连续性、可比性与行政区划调整等因素，继续剔除 18 个地级城市，最后保留 105 个地级城市作为对照组。运用双重差分模型探究新型城镇化建设对碳排放的直接政策效应，并采用多种稳健性检验方法证明了结论的稳健性。接下来对新型城镇化建设如何影响碳排放这一问题进行研究，总结了新型城镇化建设通过加强环境规制、增加基础设施建设和提高能源利用效率三条路径影响碳排放，得到当前新型城镇化建设主要通过加强环境规制抑制碳排放。进一步分析新型城镇化建设实现碳减排的作用机制，验证了环境规制通过调节经济集聚、产业结构高级化、技术进步和对外开放等对碳排放的抑制效应，间接调节了新型城镇化建设对碳排放的抑制效应。最后，探究在空间因素影响下，新型城镇化建设对碳排放产生何种变化，得到东部地区新型城镇化建设对碳排放具有空间溢出效应，中部主要表现为本地减排效应的结论。上述问题的解决，有利于各地政府和部门采取针对性的措施，在新型城镇化建设中实现"双碳目标"，并依据结论提出相关的政策建议，对本书的研究不足展开探讨。

7.1 研 究 结 论

7.1.1 新型城镇化建设对碳排放的直接政策效应的分析结论

本部分主要为了解决新型城镇化建设对碳排放是否存在直接政策影响。首先，对新型城镇化建设作用碳排放的直接影响机理进行理论分析和提出假说；其次，利用 DID 和 PSM – DID 验证新型城镇化建设对碳排放的直接政策效应；再次，采用安慰剂检验、改变时间宽窗检验、改变变量检验、剔除其他试点政策干扰检验等多种稳健性检验方法验证估计结果的稳健性，并运用剔除中心城市、工具变量法、动态面板模型等方法解决内生性问题；最后，从城市人口规模、城市经济规模、城市所在区域、城市人力资本水平等异质性视角，对样本进行分类，运用 DID 分析新型城镇化试点政策对人均碳排放的直接政策影响，主要得到以下几点结论。

其一，新型城镇化建设显著抑制了碳排放，这种政策效应随着时间的推移呈增强趋势，多种稳健性检验方法和内生性方法，均表明结论的稳健性；且新型城镇化建设对人均碳排放的敏感程度大于碳排放强度。

其二，新型城镇化建设的碳减排效果随着城市人口规模和人力资本水平的增加呈边际递增效应；在东部地区减排效果最为显著，中部次之；对小经济规模和大经济规模的城市皆存在减排作用，对大经济规模的城市减排效果更为显著。

7.1.2 新型城镇化建设对碳排放的中介效应的分析结论

本部分主要为了探究新型城镇化建设如何影响碳排放。首先，基于《规划》解读和总结大量文献，提出新型城镇化建设主要通过加强环境规制、增加基础设施建设和提高能源利用效率三条路径影响碳排放，对其进行机理分析和假说提出；其次，运用修正的中介效应模型和 EKC 模型对假说进行检验，并运用替换中介变量指标法进行稳健性检验；最后，构建有调节的中介效应模型，将城市人口规模、城市经济规模、城市所在区域和人力资本水平等异质性变量视为调节变量，构建有调节的中介效应模型，对中介效应进行异质性分析。主要得到以下结论。

其一，新型城镇化建设通过加强环境规制、增加基础设施建设、抑制能源利用效率三条路径影响碳排放；其中新型城镇化建设通过加强环境规制抑制碳排放，是当前主要的碳减排路径；新型城镇化建设通过增加基础设施建设加剧了碳排放；新型城镇化建设抑制了能源利用效率的提升，弱化了能源利用效率提升的碳减排效果，该结论具有稳健性。

其二，在新型城镇化建设过程中，基础设施建设与人均碳排放呈倒"U"型关系。

其三，将城市人口规模、城市经济规模、城市人力资本水平、城市区域等异质性变量分样本回归与作为调节变量回归，得到的结论趋于一致，证明第 3 章直接政策效应异质性分析结论的稳健性。

其四，新型城镇化建设对基础设施的促进作用、能源效率的抑制作用随城市人口规模、经济规模的增加呈增强趋势；新型城镇化建设对基础设施建设和环境规制的促进作用随人力资本水平的提升呈增强趋势；环境规制对人均碳排放的抑制作用随城市人口规模、经济规模、人力资本水平的提升逐渐凸显；基础设施建设对人均碳排放的促进作用随城市人口规模的增加呈减弱趋势；能源利用效率对人均碳排放的抑制作用随人力资本水平的提升呈增强趋势。

其五，在东部地区，新型城镇化建设通过加强环境规制抑制人均碳排放；通过增加基础设施建设促进人均碳排放；在中部地区，新型城镇化建设通过加强环境规制、提高能源效率抑制人均碳排放；在西部地区，三条路径均行不通。

7.1.3 新型城镇化建设与碳排放：环境规制的调节效应的分析结论

本部分主要为了研究新型城镇化建设实现碳减排的深层次作用机制。首先，提出环境规制通过经济集聚、产业结构高级化、技术进步和对外开放等路径抑制碳排放，从而影响了新型城镇化建设对碳排放的抑制效应，进行机理分析和假说提出。其次，构建调节效应模型对环境规制的调节效应进行验证，构建有中介的调节效应模型对环境规制影响碳排放的深层次机理进行验证，采用环境规制约束下的调节效应模型对上述结论进行稳健性检验。最后，基于不同视角对环境规制的调节效应进行异质性分析。主要得到以下结论。

其一，环境规制在新型城镇化建设与碳排放之间不仅具有中介效应，还存在正向调节效应；新型城镇化建设对碳排放的减排效应随着环境规制强度的提升呈增强趋势。

其二，环境规制通过调节经济集聚、产业结构高级化、技术进步和对外开放等对碳排放的抑制效应，间接调节了新型城镇化建设对人均碳排放的抑制效应。

其三，随着环境规制强度的提升，新型城镇化建设对经济集聚的促进作用下降，对产业结构高级化的促进作用显现，对技术进步的影响由抑制转为促进，对外商直接投资的引力下降。

其四，在新型城镇化建设中，绿色技术进步的碳减排效果最佳，其次为产业结构高级化，最后为经济集聚和对外开放，且经济集聚、产业结构高级化、技术进步和对外开放等随环境规制强度的提升对碳排放的抑制效应呈增强趋势。

其五，在大规模城市、东部地区、高经济规模、高人力资本样本下，环境规制在新型城镇化建设与人均碳排放之间具有正向调节效应，同环境规制的中介效应的异质性分析得到的结论一致。

7.1.4　新型城镇化建设对碳排放的空间影响效应的分析结论

本部分为了探究在空间因素影响下，新型城镇化建设对碳排放的影响发生何种变化。首先提出"人均碳排放具有空间溢出效应，新型城镇化建设对碳排放存在空间溢出效应"的理论假设，对其作用机理进行定性分析；其次，运用空间自相关和空间马尔可夫链模型对人均碳排放的空间效应进行分析；再次，采用 SDID 模型验证上述假说；最后，运用空间计量模型将样本分为东部、中部、西部三个地区进行异质性分析。主要得到以下结论。

其一，2010～2019 年，研究区域内人均碳排放具有显著空间集聚态势。

其二，人均碳排放存在"马太效应"，保持低水平和高水平的概率都要大于保持中低水平和中高水平的概率，且向下转移的概率大于向上转移的概率；邻居对区域状态具有正向作用；新型城镇化建设对能源效率存在路径依赖，实现技术进步和降低人均碳排放是一个持续的、渐进的过程，在短时间内较难实现跨越式发展。

其三，在整体层面上，新型城镇化建设对碳排放主要表现为本地减排效应；在东部地区，新型城镇化对碳排放具有空间溢出效应；在中部地区，新型城镇化建设主要表现为本地碳减排效应；西部地区的空间影响效应不显著。

7.2　政　策　建　议

本书为了探究新型城镇化建设对碳排放是否具有直接政策影响、新型城镇化建设如何影响碳排放、新型城镇化建设如何实现碳减排、新型城镇化建设对碳排放的影响在空间因素影响下发生何种变化，据此进行相应的机理分析和假说提出，综合运用多种计量分析方法，实证检验了新型城镇化试点政策对碳排放的直接政策效应、中介效应、环境规制的调节效应和空间影响效应，并根据结论提出针对性的政策建议。

7.2.1　加快推进新型城镇化进程，实行差异化的城镇化战略

新型城镇化建设的直接政策效应结果表明，新型城镇化建设有利于降低人均碳排放，且这种政策效应随着时间的推移呈增强趋势。环境规制的调节效应回归结果表明，在环境规制的约束下，新型城镇化建设可以间接通过经济集聚、产业结构高级化、技术进步、对外开放等路径减少碳排放。新型城镇化建设对人均碳排放的中介效应结果表明，新型城镇化建设增加了基础设施建设，但中介效应进一步回归结果表明，随着新型城镇化的建设，基础设施的完善有利于降低人均碳排放。新型城镇化建设当前抑制了能源利用效率，且对能源存在路径依赖，能源利用效率的提升有利于降低碳排放。由此可知，新型城镇化建设对人均碳排放的直接政策效应、中介效应和环境规制的调节效应均表明新型城镇化建设有利于降低人均碳排放，因此，应加快推进新型城镇化建设进程。而新型城镇化建设对碳排放的减排效果因城市人口规模、城市人力资本水平、城市所在区域和城市经济规模存在较大差异。一般而言，东部地区人口规模、经济规模和人力资本水平皆高于中、西部地区，因此，本文主要从东部、中部、西部三个地区提供针对性的政策建议。

第一，对于东部地区，持续加快推进新型城镇化战略。一是提升新型城镇化发展质量，推广低碳城市发展理念。实证结果表明，在东部地区，新型城镇化试点政策的实施在很大程度上降低了人均碳排放，因此，应继续推进新型城镇化战略，并以提高质量为导向。一方面，改变以往经济粗放型发展模式，以"3R"为原则，将循环经济理念运用到经济发展中，从源头上着手控制，减少企业生产、流通和消费等过程的能源消耗；另一方面，倡导居民低碳生活，鼓励居民乘坐公共交通出行，鼓励电动汽车、混合动力汽车等低碳交通工具的发展，增加绿色节能建筑建设，开发低碳产品。二是制定严格的环境规制措施，推动产业结构高级化发展。实证结果表明，环境规制在新型城镇化建设影响碳排放中存在调节影响，环境规制强度越高，新型城镇化建设的碳减排效应越显著，且调节项通过经济集聚、技术进步、产业结构高级化和对外开放等途径抑制碳排放的增加。一方面，通过增加环保资金投入，加大污染治理工作，增加工业污染治理投资额，对生产工艺改进、治污设备改进的企业一定的环保补贴，进一步扩大绿化覆盖率，通过紧凑式的空间布局扩大城市园林绿地面积，增加碳汇；另一方面，提高环境排放标准，淘汰落后产能，加大力度培养和支持战略性新兴产业发展，继续扩大第三产业比重，尤其是促进金融的发展。三是加强区域间的合作与交流，强化金融调整引导功能。实证结果表明，试点政策在东部地区具有溢出效应，因此，一方面，相邻地区应当加强合作，比如加强信息流通、经济合作、优势政策的学习，发挥试点地区新型城镇化建设的"示范效应"，在区域之间形成协同效应，尤其是节能减排方面。另一方面，利用金融发展的集聚优势，加强区域之间的合作与交流，通过知识、技术、创新等要素促进区域的集聚与扩散，通过金融的资源配置功能，大力发展绿色信贷，利用政策窗口将信贷资金转移至低碳产业，提供资金鼓励企业研发绿色产品。

第二，在中部地区，新型城镇化试点政策也具有一定的减排效果，但效果低于东部地区，主要受城市人口规模、城市经济规模、城市人力资本水平的影响，且环境规制的碳减排效果不明显，而新型城镇化试点政策和环境规制均在高人口规模、高经济规模和高人力资本下作用更为显著，因此，应从以下方面入手。一是稳步推进新型城镇化战略，推进城乡协调发展。一方面，对于郑州、武汉等特大人口城市应限制人口规模，切忌城市盲目扩张，注重人地协调发展，促进其他城市的均衡发展；另一方面，鼓励农村剩余劳动力向城镇集聚，调整就业政策，降低劳动力自由流动成本，建立规范的劳动力市场，降低农村人口的转移成本，放宽户籍制度，实现农民市民化。二是促进经济可持续发展，积极承接东部产业转移。2019年，中部地区是我国的粮食生产基地，其定位决定了中部地区的发展，应保持在粮食生产安全红线之上，不仅应重视农业生产效率，也要重视耕地的保护。因此，一方面，促进农业现代化发展，推广农业机械化操作，释放农村剩余劳动力；另一方面，在保障耕地红线之上，建设工业园区，完善基础设施，提高公共服务水平，为东部产业转移提供良好的基础，加强与东部地区沟通往来，通过政策优惠措施吸引东部产业落户。三是提高人力资本水平，倡导低碳生活方式。一方面，政府应继续加大教育经费支出，建立多元化的教育投资方式，因地制宜放宽义务教育年限，提高人均受教育水平，推广高等职业技术教育，培养专业型人才，加强高等教育的实践训练，培养社会型人才；另一方面，推广节能家电标准，通过价格补贴的方式扩大节能家电市场占有率，改变居民消费方式和生活方式，将天然气的管道铺设逐步推广至农村地区，提高清洁性能源，如天然气、液化气等使用比例，鼓励居民采用公共设施出行，通过价格补贴推广新能源汽车，降低能耗类汽车的出行比例，提高公共资源的利用效率。

第三，在西部地区，新型城镇化试点政策的减排效果不显著，且具有一定正向促进作用，环境规制对人均碳排放具有正向促进作用。在西部地区，城镇化是其碳排放增加的主要因素，因此，西部地区并不是不需要新型城镇化建设，而是城镇化推进导致碳排放的增加速度大于城镇化本身速度，经济发展仍是重点。因此，需要从以下几点努力。一是优化传统工业产业，壮大地区特色优势产业。西部地区拥有的自然资源十分丰富，产业结构主要以第二产业为主，在第二产业中又以挖掘业、采矿业和各类高能耗、高排放的制造业为主,因此,一方面,对传统制造业引进先进的技术设备进行精加工,形成产业链条和发展产业集群;另一方面,根据形成的优势产业,通过精加工,进一步发展壮大,形成规模和效益,如贵州优势产业为烟酒茶制品和旅游业,通过对烟酒茶进行精加工走向国际,加大旅游业宣传力度,与其他地区的旅游业联合发展。二是促进产业结构高级化,推动服务业提质扩量。根据调节机制的分析结果表明,在环境规制约束下,产业结构高级化有利于降低碳排放,当第二产业占比较大时,消费的能源较多,随着第三产业的进一步发展,有利于降低碳排放。因此,第三产业相比其他产业,对碳排放影响相对较小,是推动产业结构变动的重要选择。一方面,利用少数民族文化优势,发展民族特色产业,提高文化旅游的宣传力度,依托"一带一路",打造物流通道,优先发展物流、商务等生产性服务业;另一方面,推进金融发展规模的壮大,积极培育工程咨询、技术服务、碳排放交易等低碳服务产业,打造科技创新服务园区,大力推进服务业优化升级。三是积极引进技术人才,改善能源利用结构。西部地区由于经济落后,大量人才流失,但人才回归不是一朝一夕可以完成的,需要有层次引进人才。一方面,提高福利待遇,引进紧缺人才,尤其是与能源改进相关的人才,有针对性地解决人才的困难,逐步引进与地区发展匹配的人才,构建层次结构性人才;另一方面,通过技术引进、自主研发、引进创新等方式,进行生产工艺的改进,推广新近的生产技术和加工流程,提高能源效率,同时开放清洁能源,提高清洁能源比例,实现能源结构多元化。

7.2.2 采取适当环境规制,提高经济集聚水平

在全国层面上,新型城镇化建设通过经济集聚抑制人均碳排放,新型城镇化建设和环境规制的交互项通过经济集聚抑制人均碳排放。即新型城镇化建设促进了经济集聚,经济集聚抑制了人均碳排放,环境规制不利于经济集聚,在环境规制的约束下,随着环境规制强度的提升,增强了经济

集聚的碳减排效果。根据第 5 章经济集聚的作用机理分析，环境规制的增
强对经济集聚具有双重影响，根据实证结果可知，新型城镇化建设在环境
规制的调节下，不利于经济集聚，主要是当前环境规制对经济集聚的"遵
循成本效应"和"门槛效应"大于"创新补偿效应"和"成本分摊效应"
等，解决当前环境规制与经济集聚的矛盾，有利于降低碳排放。因此，应
从以下几点入手。

一是加大环保宣传力度，提高公众环保意识。环境规制的顺利推行不
仅需要政府的强制性措施，还需要公众的积极参与，政府可从民众角度入
手，加大环保宣传力度，提升公众节能减排意识，培养居民绿色产品消费
意识，倒逼企业生产环保产品。二是扩大经济集聚规模，降低环境管制成
本。继续推行新型城镇化战略，以城市群为主要经济载体，促进区域融合
发展，通过引导企业的空间集聚，形成合理的生产线，以优化产业结构，
推动合作企业联动发展，形成高经济密度城市，便于政府统一监管。三是
因地制宜，制定适宜的环境管制。对于经济较为发达地区的高污染、高能
耗的大企业，可实施较为严格的环境管制，且以命令控制型为主；对于经
济欠发达的高污染、高能耗企业，可以适当降低环境标准、技术标准等，
但对大部分中小微企业可采取鼓励为主，适当放宽环境规制，助推新兴产
业的中小企业蓬勃发展，通过"成本分摊效应"和"竞争效应"，鼓励企
业集聚。

7.2.3　加大科技创新投入，推动节能技术创新

根据第 5 章的实证结果，在全国层面上，环境规制通过调节技术进步
对人均碳排放的抑制效应，间接调节了新型城镇化建设对人均碳排放的抑
制影响。具体而言，新型城镇化建设抑制了技术进步，环境规制促进了技
术进步，技术进步有利于降低人均碳排放。分地区的有调节的中介效应表
明与非试点地区的技术进步的碳减排效果相比，试点地区的技术进步对人
均碳排放的减排效果更佳，同基础设施建设和能源效率的回归结果结合可

知，主要是现阶段的新型城镇化建设致力于基础设施建设和公共服务提升，挤压了人力资本的溢出效应，不利于能源利用效率的提升，但技术进步的碳减排效果十分显著，而环境规制通过对企业施加环境压力，倒逼企业节能减排。因此，推动技术进步，促进节能减排，应从以下几个方面着手。

一是加大科研投入力度。根据统计数据显示，2015～2019 年，研究与试验发展（R&D）经费支出分别为：14169.9 亿元、15676.7 亿元、17606.1 亿元、19677.9 亿元、22143.6 亿元；R&D 占 GDP 的比重分别为：2.06、2.10、2.12、2.14、2.23[①]。在纵向对比上，R&D 经费支出的绝对值呈增长趋势，占地区生产总值的相对值也呈增长趋势，但从横向对比看，OECD 国家 2016 年 R&D 支出占 GDP 比重的平均水平已达到 2.4%，从数据对比来看，中国科研投入力度有待进一步加强，尤其是 R&D 投入存在较大差距，东部地区的科研投入显著高于中西部地区，且实证结果同样表明，技术进步有利于降低碳排放，表明绿色研发技术在较大程度上有利于降低碳排放。因此，应加大节能技术的创新投入。二是提升节能技术转化率。当前我国相当数量的科研成果和专利技术申请主体仍是科研院所和高等院校，其成果转化率较低。企业由于自身经营特点和盈利目的，一般会对市场热点专利技术的转化问题较多关注，对于不能直接带来利润增长或提高企业绩效的技术，或者需要花费较长时间进行研发的技术，往往搁置或忽略，缺乏一个系统长期的创新技术，长此以往，必将导致企业技术落后，因此，有必要对企业研发项目进行补贴，采用高校、研究所与企业合作的模式，将研发成果应用到企业生产中，提升成果的转化率。三是大力推广节能技术。研发的技术只有大范围推广到市场，才能起到应有的作用。政府一方面可以通过提高环境规制力度，倒逼企业采用节能技术；另一方面对节能技术的产品或设备，进行补贴，通过价格优势，扩大市场占有份额。

---

① 国家统计局. 中国统计年鉴（2020）［M］. 北京：中国统计出版社，2020.

7.2.4 提高对外开放程度，实行差异化引资政策

根据第 5 章实证结果，在整体层面上，新型城镇化建设与环境规制的调节项通过对外开放抑制人均碳排放。具体而言，新型城镇化建设促进了对外开放，环境规制抑制了对外开放，在环境规制的调节作用下，环境规制强度越高，新型城镇化建设对 FDI 的引力下降，对外开放有利于降低人均碳排放，因此，可以通过提高对外开放程度，实现一定程度的碳减排。

一是加大环境规制强度，提高对外开放质量。FDI 对碳排放的影响主要有"污染光环"和"污染避难所"两种假说，实证结果表明，在新型城镇化建设下主要表现为"污染光环"假说，即适当提高环境规制强度，有利于将发达国家的先进技术、设备和管理经验带到东道国，促进东道国地区的碳减排。实证结果表明，环境规制不利于 FDI，因此，可通过控制环境规制的强度，重点引资与环境发展协调的产业等。二是实施差异化引资政策，提高对外开放程度。当前外商直接投资在我国呈现"东高西低"的分布格局，因此，在提高对外开放的同时，实行差异化的引资政策。在东部地区，主要引进高技术、低能耗产业；中部地区主要引进高技术制造业、技术密集型产业，在西部地区利用其资源优势引入碳排放低、技术尖端的资源密集型企业，学习国外先进的技术，引进先进设备，降低碳排放。同时，加大政策倾斜，引导相应外商投资投向中、西部。三是优化产业结构，强化 FDI 的产业导向。当前我国第三产业整体水平不高，尤其是西部地区，第三产业发展较为缓慢，第二产业仍是经济发展的重要保障，也是碳排放的主要来源。因此，一方面优化工业内部产业结构，对传统工业优化升级，改造、淘汰落后的产能和生产技术，引进绿色先进技术，同时，促进产业高级化发展，提高服务业发展水平；另一方面调整外资政策，强化外资流入导向，鼓励 FDI 流向高附加值产业、高技术产业、清洁产业、低碳产业等，引导外资参与传统产业的低碳化升级改造，充分利用外资的技术和制度优势，通过学习、模仿和研发等将外资技术为自身所用。

7.2.5　有序推进基础设施建设，实行差异化的建设策略

实证结果表明，在整体层面，新型城镇化建设通过基础设施建设增加了人均碳排放，新型城镇化建设正向促进了基础设施建设，基础设施正向促进了人均碳排放。在区域层面，在东部地区，新型城镇化建设完全通过增加基础设施建设促进了人均碳排放，在中西部地区，传导路径不显著。而中介效应的进一步回归结果表明，在试点地区，基础设施建设对人均碳排放呈倒"U"型结构，现阶段的新型城镇化建设虽然促进了基础设施建设，但未来基础设施建设有利于降低人均碳排放，且东部地区的试点政策具有显著的空间溢出效应，基础设施建设有利于区域间的沟通协作。

一是继续推进基础设施建设，合理安排资产投资领域。在东部发达地区，交通、邮电、通信等基础设施建设日渐完善的情况下，可将基础设施建设侧重于环卫、防灾、防涝等建设。国家统计数据显示，东部地区的绿色指标数据皆处于较低水平，因此，可通过紧凑式空间布局，进一步提高绿化建设。东部处于沿海地带，随时面临着台风、洪涝等自然灾害，有必要进一步加强排水管道、防灾、防涝等设施建设。在中西地区，基础设施建设比较落后，因此，有必要继续推进基础设施建设，通过基础设施的完善，提高区域可达性，降低运行成本，减少碳排放。二是加快农村规划建设步伐，加强农村基础设施建设。首先，对农村住房进行规划，提升利用空间，提高住房标准；其次，对农村生活、生产园区进行合理规划，实现农村地区生产和生活区域的分离，提高生活环境质量；再次，加大农村供水、供电、供气工程建设力度，保障农民基础生存所需；最后，加强农村交通、水利、通信等基础设施建设，解决交通不便，生活不便，生活环境脏、乱、差等问题。三是大力推广绿色建筑建设，加大智慧城市管理力度。首先，鼓励房地产开发商进行绿色建筑建设，加大宣传力度，给予一定价格补贴，鼓励居民购买绿色建筑；其次，在商场、办公场所逐步推行绿色建筑，扩大绿色建筑市场占有份额；再次，加大邮电基础设施建设，

实现城市社区服务全覆盖，农村便利点基本覆盖；最后，加大通信设施铺设工作，实现区域全网络覆盖，开发智能 App，实现城市智慧管理。

7.2.6　节约能源消耗，优化能源结构

从第 4 章实证结果可知，在整体层面上，新型城镇化建设通过能源效率作用于人均碳排放，具体而言，新型城镇化建设并没有促进能源效率，反而降低了能源效率，能源效率的提升有利于降低人均碳排放。城市规模在新型城镇化建设通过能源效率作用于人均碳排放的前半段具有正向调节作用。根据人均碳排放的空间效应分析，能源效率存在路径依赖，因此，应节约能源消耗，优化能源结构。

一是开发可再生清洁能源，降低化石能源消耗总量。统计数据显示，我国的能源消费仍以煤炭、石油等高碳能源为主，因此，一方面，应逐渐改变我国现阶段主要依靠煤炭等高碳能源的格局，大力发展太阳能、核能、风能等清洁能源；另一方面，支持和引导能源的循环使用，提高能源循环利用技术。二是适当增加人口规模，提高能源利用效率。实证结果表明，城市人口规模的增加有利于提高能源利用效率，通过人口集聚，实现规模效应，共享交通基础设施等，提高能源的利用效率，尤其对河南和湖北来说，人口主要集中在郑州、武汉等大城市，引导大城市过渡人口向周边城市转移，提高地级城市人口规模，实现规模效应。三是基础设施建设领域节能，城乡能源消费方式变革。实证结果表明，现阶段的新型城镇化建设对基础设施建设具有正向促进作用，基础设施建设消耗较多的能源，促进了人均碳排放，因此，可以从工业、建筑、交通等领域节能。工业领域淘汰落后产能，严格限制钢铁、水泥等行业的扩张；建筑领域推广节能建筑，积极推广节能照明和节能电器在建筑领域的应用；交通领域，构建交通运输网络，加大节电、节油技术在铁路、航空领域的推广应用，引导市民选择节能、低碳、环保的出行方式。在城乡能源消费方面，通过优化空间布局，实行热点联产，鼓励有能力有条件的地方发展风能、太阳能、核能、生物

能等清洁能源的开发，加快农村液化气、天然气等低碳能源的推动。

7.3 研究不足与展望

本书基于新型城镇化建设与实现"双碳目标"的背景，探究了新型城镇化建设是否有利于降低碳排放，新型城镇化建设如何降低碳排放，新型城镇化建设降低碳排放的深层次机制，新型城镇化建设对碳排放的作用是否受到人口规模、经济规模、人力资本水平等外部因素的影响，新型城镇化建设对碳排放是否具有空间溢出效应等问题。为了解决上述问题，在进行影响机理分析的基础上，分别运用 DID 和 PSM – DID、修正的中介效应模型和有调节的中介效应模型、调节效应模型和修正的有中介的调节效应模型、空间相关性模型和 SDID 对相关假说进行验证，得到相关结论，并提出针对性政策建议，以期为新型城镇化建设中减少碳排放提供政策建议，但由于个人水平有限，认识阶段性和数据可操作性等限制，研究当中还存在诸多不足之处。

第一，本书的主要研究对象是新型城镇化建设和碳排放，探讨如何在新型城镇化建设中实现碳减排，但新型城镇化建设不仅可以实现碳减排，也有利于经济高质量发展，研究新型城镇化建设与经济高质量发展之间的深入机制是需要探讨的问题；低碳试点城市和碳交易试点政策的实施对碳排放有着直接影响，尽管目前已有较多学者对两者关系进行了研究，但从微观企业角度，研究两者关系的文献较少。

第二，本书选取了经济规模、人口规模、人力资本水平、地理区域作为新型城镇化建设影响碳排放的调节变量，但新型城镇化建设影响碳排放不仅会受到上述因素的影响，也会受到地方政府经济期望目标、地方政府的政策、市场要素配置的改变等因素的影响，但受限于个人能力，无法对其关系一一进行深入研究；在本书中，环境规制指标选取了结果变量进行衡量，未将环境规制按照命令控制型、市场激励型和自愿型进行分类，研究三种类型的环境规制对碳排放的作用程度；环境规制主要通过经济集聚、产业结构升级、技术进步、对外开放和优化能源结构5条路径作用于碳排放，但由于地级市缺乏能源结构数据，未对其进行实证检验，这都是未来有待改进的地方。

第三，本书从统计学角度指出了中介效应、有调节的中介效应和有中介的调节效应的不足之处，并对其进行了修正。按照修正模型，仅需要对核心解释变量与因变量、核心解释变量与中介变量这两种关系进行检验，而中介变量与因变量之间的关系通过文献总结得到相关结论，无须再对两者关系进行实证检验。但本书为了保障结论的可靠性，在参考前人文献的基础上，对中介变量与因变量之间的关系构建系统GMM模型进行回归，系统GMM模型可在一定程度上缓解内生性问题。但由于本书中介变量指标选取较多，工具变量指标选取的困难巨大，仅采用系统GMM模型缓解了内生性问题，未采用工具变量进行实证检验，因此，工具变量指标的选取和内生性问题的检验是需要进一步努力的方向。

第四，本书结合前人文献选取了基础设施建设作为中介变量，研究新型城镇化建设通过增加基础设施建设促进碳排放，但基础设施建设不仅可以用资本存量衡量，也包括交通、邮电及通信、供水供电、园林绿化等多个方面，虽然从交通基础设施建设角度验证了传导机制结论的稳健性，但仍可从邮电及通信、供水供电、园林绿化等方面探究每个方面对碳排放的影响。

第五，本书的研究是基于地市级层面，分析了新型城镇化试点政策对碳排放的直接政策效应、中介效应和空间影响效应，有必要基于中观行业层面，将新型城镇化试点政策、碳交易政策、低碳城市试点政策等诸多政策纳入同一个分析框架，研究多种政策对碳排放的作用程度，并依据成本收益法确定如何选择政策实施。且本书运用到的数据量较大，处理手段稍微复杂，尽管对数据摘录的准确性进行多次核实，但也难免存在疏漏，有必要进一步确保数据的准确性。

附　　录

小城市	中等城市	大城市
白城市、崇左市、固原市、河池市、河源市、黄冈市、黄山市、嘉峪关市、金昌市、景德镇市、丽水市、辽源市、普洱市、三门峡市、双鸭山市、乌海市、乌兰察布市、鹰潭市	安庆市、北海市、滨州市、沧州市、朝阳市、承德市、池州市、滁州市、丹东市、德阳市、德州市、东营市、防城港市、阜新市、广元市、汉中市、鹤岗市、衡水市、衡阳市、葫芦岛市、鸡西市、嘉兴市、焦作市、锦州市、廊坊市、辽阳市、娄底市、马鞍山市、梅州市、牡丹江市、攀枝花市、盘锦市、平凉市、七台河市、曲靖市、汕尾市、上饶市、邵阳市、十堰市、朔州市、松原市、铁岭市、铜川市、铜陵市、梧州市、咸宁市、孝感市、忻州市、新余市、宣城市、雅安市、阳泉市、营口市、玉溪市、运城市、张家界市、长治市、昭通市、舟山市、周口市、驻马店	安康市、日照市、安顺市、中山市、珠海市、安阳市、宁波市、平顶山市、蚌埠市、徐州市、盐城市、宝鸡市、东莞市、常州市、亳州市、温州市、乌鲁木齐市、大连市、枣庄市、湛江市、大庆市、南通市、苏州市、大同市、鄂州市、抚顺市、阜阳市、广安市、广州市、贵港市、哈尔滨市、杭州市、合肥市、贺州市、淮安市、淮北市、淮南市、惠州市、吉林市、江门市、昆明市、来宾市、兰州市、乐山市、聊城市、柳州市、六安市、泸州市、洛阳市、漯河市、南京市、南宁市、南阳市、内江市、莆田市、齐齐哈尔市、青岛市、清远市、厦门市、汕头市、商丘市、绍兴市、深圳市、石家庄市、宿迁市、宿州市、太原市、泰安市、泰州市、威海市、无锡市、芜湖市、武汉市、武威市、信阳市、扬州市、宜宾市、益阳市、岳阳市、长春市、长沙市、镇江市、株洲市、资阳市、大城市、连云港市

附表 A2　　　　　　　　不同经济规模下的城市样本

低经济规模	中等经济规模	高经济规模
安康市、安顺市、白城市、北海市、崇左市、丹东市、鄂州市、防城港市、阜新市、淮北市、黄山市、鸡西市、嘉峪关市、金昌市、景德镇市、梅州市、攀枝花市、汕尾市、双鸭山市、朔州市、铁岭市、铜川市、铜陵市、雅安市、平凉市、普洱市、乌海市、鹤岗市、葫芦岛市、淮南市、乌兰察布市、来宾市、辽阳市、辽源市、梧州市、贵港市、河池市、河源市、武威市、阳泉市、鹰潭市、张家界市、忻州市、亳州市、朝阳市、池州市、新余市、固原市、广安市、广元市、贺州市、宣城市、昭通市、资阳市、七台河市、雅安市	安庆市、安阳市、蚌埠市、宝鸡市、承德市、滁州市、大同市、德阳市、抚顺市、阜阳市、汉中市、衡水市、黄冈市、焦作市、锦州市、乐山市、丽水市、六安市、娄底市、泸州市、漯河市、马鞍山市、牡丹江市、内江市、盘锦市、平顶山市、莆田市、齐齐哈尔市、清远市、曲靖市、日照市、三门峡市、汕头市、商丘市、上饶市、邵阳市、十堰市、松原市、宿州市、咸宁市、孝感市、信阳市、宜宾市、益阳市、营口市、玉溪市、运城市、枣庄市、长治市、舟山市、驻马店市	滨州市、沧州市、常州市、大连市、大庆市、德州市、东莞市、东营市、广州市、哈尔滨市、杭州市、合肥市、衡阳市、淮安市、惠州市、吉林市、嘉兴市、江门市、昆明市、兰州市、廊坊市、连云港市、聊城市、柳州市、洛阳市、南京市、南宁市、南通市、南阳市、宁波市、青岛市、厦门市、绍兴市、深圳市、石家庄市、苏州市、宿迁市、太原市、泰安市、泰州市、威海市、温州市、乌鲁木齐市、无锡市、芜湖市、武汉市、徐州市、盐城市、扬州市、岳阳市、湛江市、长春市、长沙市、镇江市、中山市、周口市、珠海市、株洲市

附表 A3　　　　　　　不同人力资本水平下的城市样本

低人力资本水平	中等人力资本水平	高人力资本水平
安顺市、亳州市、朝阳市、鄂州市、防城港市、阜阳市、固原市、广元市、贵港市、河源市、贺州市、鹤岗市、衡水市、葫芦岛市、鸡西市、江门市、来宾市、娄底市、攀枝花市、平凉市、七台河市、三门峡市、汕头市、汕尾市、上饶市、朔州市、松原市、宿迁市、宿州市、铜川市、孝感市、宣城市、玉溪市、张家界市、昭通市、周口市、驻马店市、资阳市	安康市、安庆市、白城市、宝鸡市、滨州市、沧州市、承德市、滁州市、大同市、丹东市、德州市、广安市、汉中市、河池市、淮安市、黄冈市、黄山市、惠州市、嘉峪关市、金昌市、乐山市、丽水市、连云港市、辽阳市、辽源市、聊城市、六安市、泸州市、漯河市、梅州市、南通市、南阳市、内江市、盘锦市、平顶山市、莆田市、普洱市、齐齐哈尔市、清远市、曲靖市、日照市、商丘市、邵阳市、双鸭山市、泰州市、铁岭市、温州市、乌海市、乌兰察布市、梧州市、武威市、咸宁市、忻州市、信阳市、徐州市、雅安市、盐城市、阳泉市、宜宾市、益阳市、鹰潭市、营口市、运城市、枣庄市、长治市、中山市、株洲市	安阳市、蚌埠市、北海市、常州市、池州市、崇左市、大连市、大庆市、德阳市、东莞市、东营市、抚顺市、阜新市、广州市、哈尔滨市、杭州市、合肥市、衡阳市、淮北市、淮南市、吉林市、嘉兴市、焦作市、锦州市、景德镇市、昆明市、兰州市、廊坊市、柳州市、洛阳市、马鞍山市、牡丹江市、南京市、南宁市、宁波市、青岛市、厦门市、绍兴市、深圳市、十堰市、石家庄市、苏州市、太原市、泰安市、铜陵市、威海市、乌鲁木齐市、无锡市、芜湖市、武汉市、新余市、扬州市、岳阳市、湛江市、长春市、长沙市、镇江市、舟山市、珠海市

参 考 文 献

［1］国家统计局. 中国统计年鉴（2020）［M］. 北京：中国统计出版社，2020.

［2］陈海波，姜娜娜，刘洁. 新型城镇化试点政策对区域生态环境的影响——基于 PSM – DID 的实证检验［J］. 城市问题，2020（8）：33 – 41.

［3］姜安印，杨志良. 新型城镇化建设与城市经济高质量增长——基于双重差分法的实证分析［J］. 经济问题探索，2020（3）：84 – 99.

［4］孔祥利，赵娜. 五大发展理念视域下中国城镇化发展质量与潜力问题研究［J］. 陕西师范大学学报（哲学社会科学版），2020，49（6）：88 – 96.

［5］张腾飞，杨俊，盛鹏飞. 城镇化对中国碳排放的影响及作用渠道［J］. 中国人口·资源与环境，2016，26（2）：47 – 57.

［6］Bank W. World Development Indicators［J］. *World Bank Publications*，2013，8（4）：37 – 42.

［7］杨晓军，陈浩. 中国城镇化对二氧化碳排放的影响效应：基于省级面板数据的经验分析［J］. 中国地质大学学报（社会科学版），2013，13（1）：32 – 37.

［8］王世进. 新型城镇化对我国碳排放的影响机理与区域差异研究［J］. 现代经济探讨，2017（7）：103 – 109.

［9］Ouyang X.，Lin B. Carbon dioxide（CO_2）emissions during urbanization：A comparative study between China and Japan［J］. *Journal of Cleaner*

Production, 2017, 143 (1): 356 – 368.

[10] Lankao R., Patricia. How do local governments in Mexico city manage global warming? [J]. *Local Environment*, 2007, 12 (5): 519 – 535.

[11] Kantakumar L. N., Kumar S., Schneider K. Spatiotemporal urban expansion in Pune metropolis, India using remote sensing [J]. *Habitat International*, 2016, 51 (2): 11 – 22.

[12] Nevens F., Frantzeskaki N., Gorissen L., et al. Urban Transition Labs: Co-creating transformative action for sustainable cities [J]. *Journal of Cleaner Production*, 2013, 50 (7): 111 – 122.

[13] Sununta N., R. Kongboon, Sampattagul S. GHG evaluation and mitigation planning for low carbon city case study: Dan Sai Municipality [J]. *Journal of Cleaner Production*, 2019, 228 (10): 1345 – 1353.

[14] Colin, Harrison, Barbara, et al. Foundations for smarter cities [J]. *Operations Research*, 2012, 52 (1): 129 – 131.

[15] Papa R., Galderisi A., Majello M. V., et al. Smart and Resilient Cities. A Systemic Approach for Developing Cross-sectoral Strategies in the Face of Climate Change [J]. *Actas Urologicas Espaolas*, 2015, 8 (1): 19 – 49.

[16] Xing M. C., Chao Y., Dao D. L., et al. Cognition and construction of the theoretical connotations of new urbanization with Chinese characteristics [J]. *Journal of Geographical Sciences*, 2019, 29 (10): 1681 – 1698.

[17] 王素斋. 新型城镇化科学发展的内涵、目标与路径 [J]. 理论月刊, 2013 (4): 165 – 168.

[18] 张荣天, 焦华富. 中国新型城镇化研究综述与展望 [J]. 世界地理研究, 2016, 25 (1): 59 – 66.

[19] Moran D. D., Wackernagel M., Kitzes J. A., et al. Measuring sustainable development Nation by nation [J]. *Ecological Economics*, 2008, 64 (3): 470 – 474.

[20] Grazi F., Jeroen C. J. M., Vanden B., et al. Spatial welfare eco-

nomics versus ecological footprint: Modeling agglomeration, externalities and trade [J]. *Environmental & Resource Economics*, 2007, 38 (1): 135 – 153.

[21] Lundin M., Morrison G. M. A life cycle assessment based procedure for development of environmental sustainability indicators for urban water systems [J]. *Urban Water*, 2002, 4 (2): 145 – 152.

[22] Turcu C. Local experiences of urban sustainability: Researching Housing Market Renewal interventions in three English neighbourhoods [J]. *Progress in Planning*, 2012, 78 (3): 101 – 150.

[23] Dizdaroglu D., Yigitcanlar T. A parcel-scale assessment tool to measure sustainability through urban ecosystem components: The MUSIX model [J]. *Ecological Indicators*, 2014, 41 (1): 115 – 130.

[24] Alberti M., Marzluff J. M., Shulenberger E., et al. Integrating humans into ecology: Opportunities and challenges for studying urban ecosystems [J]. *Bioscience*, 2003, 53 (12): 1169 – 1179.

[25] Patel U., Rakshit S., Ram S. A., et al. Urban Sustainability Index: Measuring Performance of 15 Metropolitan Cities of India [J]. *South Asian Journal of Social Studies and Economics*, 2019 (7): 1 – 11.

[26] Sajadi S. S., Arghan A., Korkeabadi Z. The evaluation of urban development consistent with social security strategy based on ecological footprint [J]. *Geography*, 2017, 38 (12): 4317 – 4326.

[27] Kukulavithana K. Evaluation of Peliyagoda integrated urban development project in Sri Lanka in terms of sustainable urban development [J]. *Environment and Urbanization*, 2015, 36 (1): 12 – 20.

[28] Global Urban Observatory. Global Urban Indicators Database Version 2 Nairobi [R]. Kenya: United Nations Human Settlements Programme, 2002: 74 – 74.

[29] 方创琳, 王德利. 中国城市化发展质量的综合测度与提升路径 [J]. 地理研究, 2011, 30 (11): 1931 – 1946.

［30］王富喜，毛爱华，李赫龙，等．基于熵值法的山东省城镇化质量测度及空间差异分析［J］．地理科学，2013，33（11）：1323 - 1329.

［31］吕丹，叶萌，杨琼．新型城镇化质量评价指标体系综述与重构［J］．财经问题研究，2014（9）：72 - 78.

［32］蓝庆新，刘昭洁，彭一然．中国新型城镇化质量评价指标体系构建及评价方法——基于 2003 ~ 2014 年 31 个省市的空间差异研究［J］．南方经济，2017（1）：111 - 126.

［33］Rahman M. M., Alam K. Clean energy, population density, urbanization and environmental pollution nexus：Evidence from Bangladesh［J］. *Renewable Energy*，2021，172（3）：1063 - 1072.

［34］Dutta B. Population Density and Urbanization：Global Research Trend Analysis through the Lens of Scopus and Web of Science［J］. *SRELS Journal of Information Management*，2019，56（6）：92 - 103.

［35］Weiher K. The cotton industry and southern urbanization, 1880 - 1930［J］. *Explorations in Economic History*，2015，14（2）：120 - 140.

［36］Moomaw R. L., Shatter A M. Urbanization and economic development：A bias toward large cities? ［J］. *Journal of Urban Economics*，1996，40（1）：13 - 37.

［37］Maparu T. S., Mazumder T. N. Transport infrastructure, economic development and urbanization in India（1990 - 2011）：Is there any causal relationship? ［J］. *Transportation Research Part A：Policy and Practice*，2017，100（4）：319 - 336.

［38］Islam M. M., Irfan M., Shahbaz M., et al. Renewable and nonrenewable energy consumption in Bangladesh：The relative influencing profiles of economic factors, urbanization, physical infrastructure and institutional quality［J］. *Renewable Energy*，2022，184（1）：1130 - 1149.

［39］王滨．FDI 对新型城镇化的空间溢出效应［J］．城市问题，2020（1）：20 - 32.

［40］姚旭兵，罗光强，吴振顺．人力资本对新型城镇化的空间溢出效应［J］．华南农业大学学报（社会科学版），2016，15（6）：125－140.

［41］熊湘辉，徐璋勇．中国新型城镇化水平及动力因素测度研究［J］．数量经济技术经济研究，2018，35（2）：44－63.

［42］Ozcan B. The nexus between carbon emissions，energy consumption and economic growth in Middle East countries：A panel data analysis［J］. *Energy Policy*，2013，62（11）：1138－1147.

［43］Saboori B.，Sulaiman J. CO_2 emissions，energy consumption and economic growth in Association of Southeast Asian Nations（ASEAN）countries：A cointegration approach［J］. *Energy*，2013，55（1）：813－822.

［44］田中华，杨泽亮，蔡睿贤．广东省能源消费碳排放分析及碳排放强度影响因素研究［J］．中国环境科学，2015，35（6）：1885－1891.

［45］刘佳骏，史丹，汪川．中国碳排放空间相关与空间溢出效应研究［J］．自然资源学报，2015，30（8）：1289－1303.

［46］陶玉国，黄震方，吴丽敏，等．江苏省区域旅游业碳排放测度及其因素分解［J］．地理学报，2014，69（10）：1438－1448.

［47］王丽萍，刘明浩．基于投入产出法的中国物流业碳排放测算及影响因素研究［J］．资源科学，2018，40（1）：195－206.

［48］吴健生，牛妍，彭建，等．基于 DMSP/OLS 夜间灯光数据的 1995－2009 年中国地级市能源消费动态［J］．地理研究，2014，33（4）：625－634.

［49］Shahzad S.，Zakaria M.，Rehman M. U.，et al. Relationship Between FDI，Terrorism and Economic Growth in Pakistan：Pre and Post 9/11 Analysis［J］. *Social Indicators Research*，2016，127（3）：179－194.

［50］Al－Mulali U.，Lee J. Y.，Mohammed A. H.，et al. Examining the link between energy consumption，carbon dioxide emission，and economic growth in Latin America and the Caribbean［J］. *Renewable & Sustainable Energy Reviews*，2013，26（10）：42－48.

［51］Dogan E. , Seker F. The influence of real output, renewable and non-renewable energy, trade and financial development on carbon emissions in the top renewable energy countries ［J］. *Renewable & Sustainable Energy Reviews*, 2016, 60 (7): 1074 – 1085.

［52］Li Y. , Pang D. , Cifuentes – Faura J. Time – Varying linkages among financial development, natural resources utility, and globalization for economic recovery in China ［J］. *Resources Policy*, 2023, 82: 103498.

［53］彭水军，张文城，孙传旺. 中国生产侧和消费侧碳排放量测算及影响因素研究 ［J］. 经济研究, 2015, 50 (1): 168 – 182.

［54］江方利，黄炜斌，马光文. 四川省能源消费碳排放影响因素分解研究 ［J］. 中国人口·资源与环境, 2016, 26 (S1): 45 – 48.

［55］黄蕊，王铮，丁冠群，等. 基于 STIRPAT 模型的江苏省能源消费碳排放影响因素分析及趋势预测 ［J］. 地理研究, 2016, 35 (4): 781 – 789.

［56］余东华，张明志. "异质性难题" 化解与碳排放 EKC 再检验——基于门限回归的国别分组研究 ［J］. 中国工业经济, 2016 (7): 57 – 73.

［57］付云鹏，马树才，宋琪. 中国区域碳排放强度的空间计量分析 ［J］. 统计研究, 2015, 32 (6): 67 – 73.

［58］王鑫静，程钰. 城镇化对碳排放效率的影响机制研究——基于全球 118 个国家面板数据的实证分析 ［J］. 世界地理研究, 2020, 29 (3): 503 – 511.

［59］周葵，戴小文. 中国城市化进程与碳排放量关系的实证研究 ［J］. 中国人口·资源与环境, 2013, 23 (4): 41 – 48.

［60］Omri A. CO_2 emissions, energy consumption and economic growth nexus in MENA countries: Evidence from simultaneous equations models ［J］. *Energy Economics*, 2013, 40 (11): 657 – 664.

［61］Farhani S. , Ozturk I. Causal relationship between CO_2 emissions, real GDP, energy consumption, financial development, trade openness, and urbanization in Tunisia [J]. *Environmental Science & Pollution Research International*, 2015, 22 (20): 156 – 163.

[62] 姬世东, 吴昊, 王铮. 贸易开放、城市化发展和二氧化碳排放——基于中国城市面板数据的边限协整检验分析 [J]. 经济问题, 2013 (12): 31 – 35.

[63] Hossain M. S. Panel estimation for CO_2 emissions, energy consumption, economic growth, trade openness and urbanization of newly industrialized countries [J]. *Energy Policy*, 2011, 39 (11): 6991 – 6999.

[64] 李亚丽, 杨宗之, 黄和平, 等. 多维度高质量城镇化对能源消费碳排放的传导机制研究 [J]. 中国环境管理, 2021, 13 (6): 81 – 89.

[65] 孙叶飞, 周敏. 中国城镇化、产业结构高级化对 CO_2 排放的影响——基于独立效应和联动效应双重视角 [J]. 资源科学, 2016, 38 (10): 1846 – 1860.

[66] Aunan K., Wang S. Internal migration and urbanization in China: Impacts on population exposure to household air pollution (2000 – 2010) [J]. *Science of the Total Environment*, 2014, 481 (5): 186 – 195.

[67] Chikaraishi M., Fujiwara A., Kaneko S., et al. The moderating effects of urbanization on carbon dioxide emissions: A latent class modeling approach [J]. *Technological Forecasting & Social Change*, 2015, 90 (1): 302 – 317.

[68] Streimikiene D., Roos I. GHG emission trading implications on energy sector in Baltic States [J]. *Renewable & Sustainable Energy Reviews*, 2009, 13 (4): 854 – 862.

[69] Woo H., Acuna M., Choi B., et al. Net Revenue of Forest Carbon Offset Projects: Application of the Korean Emission Trading System in the Forestry Sector [J]. *Forests*, 2021 (12): 42.

[70] Donehower J. Analyzing carbon emissions trading: A potential cost-

efficient mechanism to reduce carbon emissions [J]. *Environmental Law*, 2008, 38 (1): 177 – 208.

[71] 周迪, 刘奕淳. 中国碳交易试点政策对城市碳排放绩效的影响及机制 [J]. 中国环境科学, 2020, 40 (1): 453 – 464.

[72] 范丹, 王维国, 梁佩凤. 中国碳排放交易权机制的政策效果分析——基于双重差分模型的估计 [J]. 中国环境科学, 2017, 37 (6): 2383 – 2392.

[73] 周迪, 周丰年, 王雪芹. 低碳试点政策对城市碳排放绩效的影响评估及机制分析 [J]. 资源科学, 2019, 41 (3): 546 – 556.

[74] 宋弘, 孙雅洁, 陈登科. 政府空气污染治理效应评估——来自中国"低碳城市"建设的经验研究 [J]. 管理世界, 2019, 35 (6): 95 – 108.

[75] 王亚飞, 陶文清. 低碳城市试点对城市绿色全要素生产率增长的影响及效应 [J]. 中国人口·资源与环境, 2021, 31 (6): 78 – 89.

[76] 宋祺佼, 王宇飞, 齐晔. 中国低碳试点城市的碳排放现状 [J]. 中国人口·资源与环境, 2015, 25 (1): 78 – 82.

[77] 杨迎春, 刘江华. 推进新型城镇化建设应加强对能源的集约利用 [J]. 经济纵横, 2014 (1): 60 – 63.

[78] 宋祺佼, 吕斌. 城市低碳发展与新型城镇化耦合协调研究——以中国低碳试点城市为例 [J]. 北京理工大学学报 (社会科学版), 2017, 19 (2): 20 – 27.

[79] 谢锐, 陈严, 韩峰, 等. 新型城镇化对城市生态环境质量的影响及时空效应 [J]. 管理评论, 2018, 30 (1): 230 – 241.

[80] 牛文学, 袁潨鋬, 张丹松. 当前我国新型城镇化研究现状分析 [J]. 西北人口, 2016, 37 (6): 47 – 54.

[81] Rosenstein R. P. N. Problems of industrialisation of Eastern and South – Eastern Europe [J]. *The Economic Journal*, 1943, 53 (2): 202 – 211.

[82] Nurkse R. Some international aspects of the problem of economic de-

velopment〔J〕. *The American Economic Review*, 1952, 42 (2): 571 – 583.

〔83〕Greenwald D. *Encyclopedia of Economics*〔M〕. New York: Mc Graw – Hill Book Company, 1982: 65 – 66.

〔84〕World Bank. *World Development Report* 1994: *Infrastructure for Development*〔M〕. Oxford: Oxford University Press, 1994: 56 – 57.

〔85〕Makarov V. I. , Khmelinskii I. V. , Patterson M. G. What is energy efficiency? – Concepts, indicators and methodological issues〔J〕. *Energy Policy*, 1996, 24 (5): 377 – 390.

〔86〕Hu J. L. , Wang S. C. Total-factor energy efficiency of regions in China〔J〕. *Energy Policy*, 2006, 34 (7): 3206 – 3217.

〔87〕王桂新. 城市化基本理论与中国城市化的问题及对策〔J〕. 人口研究, 2013, 37 (6): 43 – 51.

〔88〕Porter M. E. , Vander L. C. Toward a new conception of the environment-competitiveness relationship〔J〕. *Journal of Economic Perspectives*, 1995, 9 (4): 97 – 118.

〔89〕余伟, 陈强. "波特假说" 20 年——环境规制与创新、竞争力研究述评〔J〕. 科研管理, 2015, 36 (5): 65 – 71.

〔90〕Ambec S. , Barla P. Can environmental regulations be good for business? An assessment of the Porter Hypothesis〔J〕. *Energy Studies Review*, 2006, 14 (2): 42 – 62.

〔91〕Simpson D. , Bradford R. L. Taxing variable cost: Environmental regulation as industrial Policy〔J〕. *Journal of Environmental Economics and Management*, 1996, 30 (3): 282 – 300.

〔92〕Ambec S. , Barla P. A theoretical foundation of the Porter hypothesis〔J〕. *Economics Letters*, 2002, 75 (3): 355 – 360.

〔93〕Cass D. Optimum growth in an aggregative model of capital accumulation〔J〕. *Review of Economic Studies*, 1965, 32 (5): 233 – 240.

〔94〕Koopmans T. C. On the Concept of Optimal Economic Growth〔J〕.

Cowles Foundation Discussion Papers，1963，28（12）：392.

［95］Ramesy F. A mathernatical theory of svaing ［J］. *Economic Journal*，1928，38（6）：543 – 559.

［96］Arrow K. J. The economic implication of learning by doing ［J］. *Review of Economic Studies*，1962，29（3）：155 – 173.

［97］Sheshinske E. *Optimal Accumulation with Learning by Doing* ［M］. Cambrige，MA：MIT Press，1967：26.

［98］Romer P. M. Increasing return and long-run growth ［J］. *Journal of Political Economy*，1986，94（7）：1002 – 1037.

［99］Lucas R. E. On the mechanism of economic development ［J］. *Journal of Monetary Economics*，1988，22（1）：3 – 22.

［100］Romer P. M.，Review A. E.，Duflo E. Are Nonconvexities Important for Understanding Growth？［J］. *American Economic Review*，1990，80（5）：97 – 103.

［101］Aghion P.，Howitt. A model of growth through creative destruction ［J］. *Journal of Econometrics*，1992，60（2）：323 – 351.

［102］Grossman G. M.，Helpman E. Innovation and Growth in the Global Economy ［J］. *Mit Press Books*，1993，1（2）：323 – 324.

［103］姚星坦. 金融发展、全要素生产率与碳排放：来自 G20 的证据 ［J］. 环境经济研究，2019，4（1）：22 – 38.

［104］Li Y.，Gao K. The impact of green urbanization on carbon emissions：The case of new urbanization in China ［J］. *Frontiers in Environmental Science*，2022，10：1070652.

［105］李飞越. 老龄化、城镇化与碳排放——基于 1995 – 2012 年中国省级动态面板的研究 ［J］. 人口与经济，2015（4）：9 – 18.

［106］陶长琪，彭永樟，琚泽霞. 经济增长、产业结构与碳排放关系的实证分析——基于 PVAR 模型 ［J］. 经济经纬，2015，32（4）：126 – 131.

[107] 邵帅，张可，豆建民．经济集聚的节能减排效应：理论与中国经验 [J]．管理世界，2019，35（1）：36 - 60．

[108] Glaeser E. L. Triumph of the city：How our greatest invention makes us richer, smarter, greener, healthier, and happier [J]．*Journal of Economic Sociology*，2013，14（3）：332 - 333．

[109] 郭晨，张卫东．产业结构升级背景下新型城镇化建设对区域经济发展质量的影响——基于 PSM - DID 经验证据 [J]．产业经济研究，2018（5）：78 - 88．

[110] 陈林．自然垄断与混合所有制改革——基于自然实验与成本函数的分析 [J]．经济研究，2018，53（1）：81 - 96．

[111] 陈晓红，周宏浩．城市精明发展与生态效率的协同测度及交互响应——以中国 276 个地级以上城市为例 [J]．地理研究，2019，38（11）：2653 - 2665．

[112] 王华星，石大千．新型城镇化有助于缓解雾霾污染吗——来自低碳城市建设的经验证据 [J]．山西财经大学学报，2019，41（10）：15 - 27．

[113] Jian D. C., Ming G., Shu L. C., et al. County-level CO_2 emissions and sequestration in China during 1997 - 2017 [J]．*Scientific Data*，2020，391（7）：1 - 12．

[114] 王星，秦蒙．不同城镇化质量下碳排放影响因素的实证研究——基于省级面板数据 [J]．兰州大学学报（社会科学版），2015，43（4）：60 - 66．

[115] 李秋妍，曹翠．固定资产投资对二氧化碳排放影响的实证研究——基于省际面板数据模型 [J]．科技管理研究，2014，34（14）：221 - 225．

[116] 谢地，李梓旗．不同测度方法下城镇化对能源消费的影响研究——基于中介效应模型 [J]．辽宁大学学报（哲学社会科学版），2019，47（4）：22 - 32．

［117］余官胜. 贸易开放、人力资本与环境污染——理论及实证检验［J］. 中南财经政法大学学报，2010（5）：38－43.

［118］马晓微，陈丹妮，兰静可，等. 收入差距与居民消费碳排放关系［J］. 北京理工大学学报（社会科学版），2019，21（6）：1－9.

［119］赵哲，谭建立. 中国财政支出对碳排放影响的双重效应分析［J］. 云南财经大学学报，2020，36（5）：24－36.

［120］周应恒，杨宗之. 互联网使用促进了农村居民消费吗？——基于江西省739个农户的调查［J］. 经济地理，2021，41（10）：224－232.

［121］石大千，丁海，卫平，等. 智慧城市建设能否降低环境污染［J］. 中国工业经济，2018（6）：117－135.

［122］佘硕，王巧，张阿城. 技术创新、产业结构与城市绿色全要素生产率——基于国家低碳城市试点的影响渠道检验［J］. 经济与管理研究，2020，41（8）：44－61.

［123］李胜兰，林沛娜. 我国碳排放权交易政策完善与促进地区污染减排效应研究——基于省级面板数据的双重差分分析［J］. 中山大学学报（社会科学版），2020，60（5）：182－194.

［124］曹清峰. 国家级新区对区域经济增长的带动效应——基于70大中城市的经验证据［J］. 中国工业经济，2020（7）：43－60.

［125］范小敏，徐盈之. 交通基础设施建设是否具有减排效应——来自中国高铁开通的证据［J］. 山西财经大学学报，2020，42（8）：56－70.

［126］Panayotou T. Demystifying the environmental Kuznets curve：Turning a black box into a policy tool［J］. *Environment & Development Economics*，1997，2（4）：465－484.

［127］朱东波，任力，刘玉. 中国金融包容性发展、经济增长与碳排放［J］. 中国人口·资源与环境，2018，28（2）：66－76.

［128］余康. 市场化改革、技术进步与地区能源效率——基于1997—2014年中国30个省份的面板数据模型分析［J］. 宏观经济研究，

2017（11）：79 – 93.

［129］任亚运，傅京燕. 碳交易的减排及绿色发展效应研究［J］. 中国人口·资源与环境，2019，29（5）：11 – 20.

［130］钟学思. 城市基础设施发展对新型城镇化建设的影响：动力机制及作用机理［J］. 改革与战略，2018，34（12）：77 – 82.

［131］王小斌，邵燕斐. 城镇化对能源消费和二氧化碳排放的影响——基于 1995 ~ 2011 年中国省级面板数据的实证研究［J］. 技术经济，2014，33（5）：55 – 63.

［132］王蕾，魏后凯. 中国城镇化对能源消费影响的实证研究［J］. 资源科学，2014，36（6）：1235 – 1243.

［133］张华，魏晓平. 绿色悖论抑或倒逼减排——环境规制对碳排放影响的双重效应［J］. 中国人口·资源与环境，2014，24（9）：21 – 29.

［134］Sinn H. W. Public policies against global warming: A supply side approach ［J］. *International Tax & Public Finance*，2008，15（4）：360 – 394.

［135］马海良，董书丽. 不同类型环境规制对碳排放效率的影响［J］. 北京理工大学学报（社会科学版），2020，22（4）：1 – 10.

［136］Linde P. Toward a New Conception of the Environment – Competitiveness Relationship ［J］. *Journal of Economic Perspectives*，1995，9（4）：97 – 118.

［137］王馨康，任胜钢，李晓磊. 不同类型环境政策对我国区域碳排放的差异化影响研究［J］. 大连理工大学学报（社会科学版），2018，39（2）：55 – 64.

［138］Atkinson S. E., Lewis D. H. A cost-effectiveness analysis of alternative air quality control strategies ［J］. *Journal of Environmental Economics & Management*，2006，1（3）：237 – 250.

［139］刘习平，盛三化. 产业集聚对城市生态环境的影响和演变规律——基于 2003 ~ 2013 年数据的实证研究［J］. 贵州财经大学学报，2016

（5）：90 – 100.

［140］王晓红，冯严超．环境规制对中国循环经济绩效的影响［J］．中国人口·资源与环境，2018，28（7）：136 – 147.

［141］Oliveira J. Implementing Environmental Policies in Developing Countries Through Decentralization：The Case of Protected Areas in Bahia, Brazil［J］．*World Development*，2002，30（10）：1713 – 1736.

［142］史雅娟，朱永彬，黄金川．北京市基础设施与经济社会发展关系［J］．地理科学进展，2016，35（4）：450 – 461.

［143］郭鹏飞，曹跃群，赵世宽．基础设施投入、非农就业转移与区域经济增长［J］．经济与管理研究，2021，42（1）：51 – 65.

［144］吕连菊，阚大学．城镇化水平、速度和质量对能源消费的影响［J］．城市问题，2017（5）：17 – 25.

［145］郭文，孙涛．人口结构变动对中国能源消费碳排放的影响——基于城镇化和居民消费视角［J］．数理统计与管理，2017，36（2）：295 – 312.

［146］周敏，谢莹莹，孙叶飞，等．中国城镇化发展对能源消费的影响路径研究——基于直接效应与间接效应视角［J］．资源科学，2018，40（9）：1693 – 1705.

［147］李标，吴贾，陈姝兴．城镇化、工业化、信息化与中国的能源强度［J］．中国人口·资源与环境，2015，25（8）：69 – 76.

［148］Bernardini O. , Galli R. Dematerialization：Long term trends in the intensity of use of materials and energy［J］．*Futures*，1993，25（4）：431 – 448.

［149］Burton E. The compact city：Just or just compact? A preliminary analysis［J］．*Urban Studies*，2000，37（11）：1969 – 2006.

［150］李虹，邹庆．环境规制、资源禀赋与城市产业转型研究——基于资源型城市与非资源型城市的对比分析［J］．经济研究，2018，53（11）：182 – 198.

[151] 金戈. 中国基础设施与非基础设施资本存量及其产出弹性估算 [J]. 经济研究, 2016, 51 (5): 41-56.

[152] 杨玉玲, 郭鹏飞. 省际第三产业资本存量: 框架、检验及动态轨迹 [J]. 数量经济技术经济研究, 2017, 34 (10): 78-93.

[153] 薛桂芝. 中国城市基础设施资本存量及产出弹性测算 [J]. 经济评论, 2018 (4): 72-83.

[154] 温忠麟, 侯杰泰, 张雷. 调节效应与中介效应的比较和应用 [J]. 心理学报, 2005 (2): 268-274.

[155] 谭建立, 赵哲. 财政支出结构、新型城镇化与碳减排效应 [J]. 当代财经, 2021 (8): 28-40.

[156] 温忠麟, 叶宝娟. 有调节的中介模型检验方法: 竞争还是替补? [J]. 心理学报, 2014, 46 (5): 714-726.

[157] 陈诗一, 陈登科. 雾霾污染、政府治理与经济高质量发展 [J]. 经济研究, 2018, 53 (2): 20-34.

[158] Ciccone A., Hall R. E. Productivity and the Density of Economic Activity [J]. *Social Science Electronic Publishing*, 1993, 4313 (4): 1-39.

[159] Ushifusa Y., Tomohara A. Productivity and Labor Density: Agglomeration Effects over Time [J]. *Atlantic Economic Journal*, 2013, 41 (2): 123-132.

[160] 李治国, 王杰. 黄河流域经济集聚的碳强度时空跃迁效应研究 [J]. 华东经济管理, 2020, 34 (9): 61-71.

[161] 雷玉桃, 孙菁靖, 黄征学. 城市群经济、环境规制与减霾效应——基于中国三大城市群的实证研究 [J]. 宏观经济研究, 2021 (1): 131-149.

[162] 丁斐, 庄贵阳, 刘东. 环境规制、工业集聚与城市碳排放强度——基于全国282个地级市面板数据的实证分析 [J]. 中国地质大学学报 (社会科学版), 2020, 20 (3): 90-104.

[163] 孔海涛, 于庆瑞, 张小鹿. 环境规制、经济集聚与城市生产率

[J]. 经济问题探索，2019（1）：75 - 87.

[164] 李炫榆，宋海清，李碧珍. 集聚与二氧化碳排放的空间交互作用——基于空间联立方程的实证研究 [J]. 山西财经大学学报，2015，37（5）：1 - 13.

[165] 韩永辉，黄亮雄，王贤彬. 产业结构优化升级改进生态效率了吗？[J]. 数量经济技术经济研究，2016，33（4）：40 - 59.

[166] Grossman G. M. , Krueger A. B. Economic growth and the environment [J]. *Nber Working Papers*，1995，110（2）：353 - 377.

[167] 程中华，刘军，李廉水. 产业结构调整与技术进步对雾霾减排的影响效应研究 [J]. 中国软科学，2019（1）：146 - 154.

[168] 仲伟周，姜锋，万晓丽. 我国产业结构变动对碳排放强度影响的实证研究 [J]. 审计与经济研究，2015，30（6）：88 - 96.

[169] 张琳杰，崔海洋. 长江中游城市群产业结构优化对碳排放的影响 [J]. 改革，2018（11）：130 - 138.

[170] 王淑英，卫朝蓉，寇晶晶. 产业结构调整与碳生产率的空间溢出效应——基于金融发展的调节作用研究 [J]. 工业技术经济，2021，40（2）：138 - 145.

[171] Brock W. A. , Taylor M. S. The Green Solow Model [J]. *Social Science Electronic Publishing*，2004，8（5）：16 - 60.

[172] Stefanski R. L. Essays on structural transformation in international economics [J]. *Dissertations & Theses Gradworks*，2009（7）：1 - 24.

[173] 赵秀娟，张捷. 基于绿色索洛模型的产业结构变动对碳排放影响——以广东省为例的实证研究 [J]. 产业经济评论，2015，6（3）：38 - 53.

[174] Ambec S. , Cohen M. A. , Elgie S. , et al. The Porter Hypothesis at 20：Can Environmental Regulation Enhance Innovation and Competitiveness? [J]. *Review of Environmental Economics & Policy*，2013，7（1）：2 - 22.

[175] 郭然，原毅军. 环境规制、研发补贴与产业结构升级 [J]. 科

学学研究，2020，38（12）：2140 – 2149.

[176] 谢婷婷，郭艳芳. 环境规制、技术创新与产业结构升级 [J]. 工业技术经济，2016，35（9）：135 – 145.

[177] Ngai L. R. , Pissarides C. Structural change in a multi-sector model of growth [J]. *LSE Research Online Documents on Economics*，2007，97（1）：429 – 443.

[178] 范玉波，刘小鸽. 基于空间替代的环境规制产业结构效应研究 [J]. 中国人口·资源与环境，2017，27（10）：30 – 38.

[179] 郑加梅. 环境规制产业结构调整效应与作用机制分析 [J]. 财贸研究，2018，29（3）：21 – 29.

[180] 申萌，李凯杰，曲如晓. 技术进步、经济增长与二氧化碳排放：理论和经验研究 [J]. 世界经济，2012，35（7）：83 – 100.

[181] 刘祎，杨旭，黄茂兴. 环境规制与绿色全要素生产率——基于不同技术进步路径的中介效应分析 [J]. 当代经济管理，2020，42（6）：16 – 27.

[182] 蒋伏心，王竹君，白俊红. 环境规制对技术创新影响的双重效应——基于江苏制造业动态面板数据的实证研究 [J]. 中国工业经济，2013（7）：44 – 55.

[183] 颜青，殷宝庆. 环境规制工具对绿色技术进步的差异性影响 [J]. 科技管理研究，2020，40（12）：248 – 254.

[184] 党玉婷. 贸易与外商直接投资对中国碳排放的影响——基于面板 ARDL 方法的实证检验 [J]. 中国流通经济，2018，32（6）：113 – 121.

[185] Grossman G. M. , Krueger A. B. Environmental Impacts of a North American Free Trade Agreement [J]. *CEPR Discussion Papers*，1992，8（2）：223 – 250.

[186] Suri V. , Chapman D. Economic growth, trade and energy：Implications for the environmental Kuznets curve [J]. *Ecological Economics*，1998，

25（2）：195 - 208.

[187] Judith M. D. , Mary E. L. , Hua W. Are foreign investors attracted to weak environmental regulations? Evaluating the evidence from China [J]. *Journal of Development Economics*, 2009, 90（1）：1 - 13.

[188] 李小平, 卢现祥. 国际贸易、污染产业转移和中国工业 CO_2 排放 [J]. 经济研究, 2010, 45（1）：15 - 26.

[189] 李斌, 彭星. 中国对外贸易影响环境的碳排放效应研究——引入全球价值链视角的实证分析 [J]. 经济与管理研究, 2011（7）：40 - 48.

[190] 董棒棒, 李莉, 唐洪松, 等. 环境规制、FDI 与能源消费碳排放峰值预测——以西北五省为例 [J]. 干旱区地理, 2019, 42（3）：689 - 697.

[191] 黄磊, 吴传清. 外商投资、环境规制与长江经济带城市绿色发展效率 [J]. 改革, 2021（3）：94 - 110.

[192] 刘修岩. 空间效率与区域平衡：对中国省级层面集聚效应的检验 [J]. 世界经济, 2014, 37（1）：55 - 80.

[193] 干春晖, 郑若谷, 余典范. 中国产业结构变迁对经济增长和波动的影响 [J]. 经济研究, 2011, 46（5）：4 - 16.

[194] 黄娟, 汪明进. 科技创新、产业集聚与环境污染 [J]. 山西财经大学学报, 2016, 38（4）：50 - 61.

[195] 江心英, 赵爽. 双重环境规制视角下 FDI 是否抑制了碳排放——基于动态系统 GMM 估计和门槛模型的实证研究 [J]. 国际贸易问题, 2019（3）：115 - 130.

[196] 叶宝娟, 温忠麟. 有中介的调节模型检验方法：甄别和整合 [J]. 心理学报, 2013, 45（9）：1050 - 1060.

[197] 陶爱萍, 杨松, 李影. 城镇化质量对碳排放空间效应的影响——以长三角地区 16 个城市为例 [J]. 城市问题, 2016（12）：11 - 18.

［198］Rubin D. B. Estimating casual effects of treatment in randomized and nonrandomized studies ［J］. *Journal of Educational Psychology*，1974，66（5）：688 – 701.

［199］Kolak M. ，Anselin L. A spatial perspective on the econometrics of program evaluation ［J］. *International Regional Science Review*，2019，43（2）：128 – 153.

［200］黄和平，李亚丽，杨斯玲. 中国城镇居民食物消费碳排放的时空演变特征分析 ［J］. 中国环境管理，2021，13（01）：112 – 120.

［201］潘文卿. 中国的区域关联与经济增长的空间溢出效应 ［J］. 经济研究，2012，47（1）：54 – 65.

［202］王少剑，黄永源. 中国城市碳排放强度的空间溢出效应及驱动因素 ［J］. 地理学报，2019，74（6）：1131 – 1148.

［203］陈培阳，朱喜钢. 中国区域经济趋同：基于县级尺度的空间马尔可夫链分析 ［J］. 地理科学，2013，33（11）：1302 – 1308.

［204］LeSage J. P. ，Pace R. K. *Introduction to Spatial Econometrics* ［M］. New York：CRC Press，2009：513 – 514.

［205］邓荣荣，张翱祥，陈鸣. 长江经济带高铁开通对城市生态效率的影响——基于 DID 与 SDID 的实证分析 ［J］. 华东经济管理，2021，35（5）：1 – 11.

［206］王锋，秦豫徽，刘娟，等. 多维度城镇化视角下的碳排放影响因素研究——基于中国省域数据的空间杜宾面板模型 ［J］. 中国人口·资源与环境，2017，27（9）：151 – 161.

［207］Tober W. R. A computer movie simulating urban growth in the Detroit region ［J］. *Economic Geography*，1970，46（2）：234 – 240.

后　记

在完成此书之际，衷心感谢每一个为我提供支持和鼓励的人。他们的帮助与支持激励着我完成这项工作，并在其中获得了深刻的学术体验。

首先，我要向宁波财经学院表示衷心的感谢，感谢学院为我的研究项目提供了资助和物质支持。这些支持为我提供了充足的资源和条件，使我能够全身心地投入到这项研究中。

特别感谢宁波财经学院金融与信息学院院长郑长娟教授。郑教授在著作的指导和建议方面给予了我宝贵的经验与知识，使我能够更清楚地把握研究的方向和方法，并在整个写作过程中保持了良好的学术态度。

还要衷心致谢谢子远教授，谢教授对著作进行了全面而细致的修正。谢老师的专业知识和渊博学识使这本书在内容和结构上更加准确、完整和有力，感谢您对作品进行了耐心的指导和修正。

同时，特别感谢经济科学出版社的编辑老师，您的积极反馈和宝贵建议使得本书得以更加丰富和完善。

在整个创作历程中，我遇到了各种挑战和困难。研究过程中的复杂数据分析、理论框架的搭建以及结构安排等，都曾让我感到困惑和焦虑。然而，正是通过克服这些挑战，我不断深入了解并揭示了新型城镇化建设对碳排放的影响机理及效应。在这个过程中，我从大量的学术文献中获取灵感和启示。与此同时，与同行学者的讨论和交流也为我提供了宝贵的学术借鉴与互动，促使我深入思考和发掘研究主题的重要性和影响。

对于读者而言，我希望这本书能够成为他们理解和关注新型城镇化建设对碳排放的影响的重要参考。我衷心希望，通过这本书，读者能够加深对这一领域的认识，并在环境保护和可持续发展方面找到有效的解决方案。

最后，再次感谢您的阅读和支持。愿这本书给您带来启示和喜悦。正如我在写作这本书的过程中所学到的一样，继续追求知识和推动学术进步的道路上，我们需要相互支持和鼓励。愿我们共同努力，为实现可持续发展的美好未来而不断努力。

李亚丽

2023 年 10 月 10 日